住房城乡建设部土建类学科专业"十三五"规划教材

高等职业教育建筑设计类专业系列教材

室内模型装饰设计与制作

主　编　薛丽芳　刘会营

副主编　邱族周　罗水水

参　编　李世和　马安萍　江泽平

　　　　连超凡　傅宏博

机 械 工 业 出 版 社

本书打破原有的课程体系，以工作岗位需求为切入点，突出室内模型制作能力的培养，淡化室内模型的理论知识；以学生手工实际操作案例图解步骤为主线，以室内模型制作项目为具体工作任务进行教学内容改革，编写出具有实用性、观赏性的室内模型制作步骤解析。本书对传统室内模型制作的教学内容进行了综合取舍，强化手工实际操作步骤的案例图解内容，用最简单、最便宜的材料制作出精美的室内模型作品。本书主要内容由室内模型理论与基础、室内模型制作方法与训练、室内模型作品的拍摄与赏析三个项目构成。

本书可作为高等及高职院校相关专业的教学用书，也适合爱好室内模型制作的初级读者使用。

图书在版编目（CIP）数据

室内模型装饰设计与制作/薛丽芳，刘会营主编. —北京：机械工业出版社，2017.12（2023.8重印）
住房城乡建设部土建类学科专业"十三五"规划教材
高等职业教育建筑设计类专业系列教材
ISBN 978-7-111-58829-0

Ⅰ．①室… Ⅱ．①薛… ②刘… Ⅲ．①室内装饰设计—高等职业教育—教材
Ⅳ．①TU238.2

中国版本图书馆CIP数据核字（2018）第000071号

机械工业出版社（北京市百万庄大街22号 邮政编码100037）
策划编辑：常金锋 责任编辑：常金锋
责任校对：张 力 封面设计：鞠 杨
责任印制：常天培
固安县铭成印刷有限公司印刷
2023年8月第1版第14次印刷
210mm×285mm · 10.5印张 · 303千字
标准书号：ISBN 978-7-111-58829-0
定价：49.00元

电话服务　　　　　　网络服务
客服电话：010-88361066　机 工 官 网：www.cmpbook.com
　　　　　010-88379833　机 工 官 博：weibo.com/cmp1952
　　　　　010-68326294　金 书 网：www.golden-book.com
封底无防伪标均为盗版　机工教育服务网：www.cmpedu.com

序
Preface

室内设计是一门空间的艺术。在过去的教学中，大都是通过想象或在平面图纸上塑造室内空间的六个面，忽略了模型制作。模型制作辅助设计，很多人以为源自西方，殊不知，我国古代早就有之。《说文解字》注曰："以木为法曰模，以竹为之曰范，以土为型，引申之为典型。"其实质就是模型的概念。在营建之前，以模型的形式出现，得到相关方认可，方能施工。我国出土的汉代陶楼，虽然是明器，随葬地下，但其实质是模型的雏形。唐代之后，凡是大型建筑工程，除了要绘制地盘图、界画以外，还要求根据图纸制作模型。清代出现的雷氏家族，就是以模型制作出名，人称"样式雷"，营建之前采用烫样，烫样与今天制作的模型相差无几。

实体模型制作是一种常用的设计方法，其作用并不在于制作实体模型本身，而在于通过模型制作辅助设计，交流的双方可以很轻松地对话，空间的分隔、材料的运用、色彩的控制、节点的把握等室内设计的关键问题变得通俗易懂，这在高等院校艺术设计相关专业中是一项不可或缺的课程。

本书简明实用，针对性、专业性强。首先，作者是从事建筑室内设计专业教学的老师，熟悉模型制作课程，教学方式由浅入深，按步骤详细地编写模型手工制作方法、技巧等，介绍了较为实用的材料和工具，让初学者易学易用，轻松掌握；此外，本书充分结合室内设计课程的各个阶段，以大量的实际案例讲解不同阶段所需模型的制作过程，制作精度要求、比例要求和所需材料工具等，而不是把模型材料、制作工具笼统、简单地罗列。事实上，不同设计阶段制作模型的方式是不同的。随着设计进程会制作数个模型，读者需要在这个过程中逐步了解不同材料的加工制作方法。本书的重点就是通过制作模型辅助设计，让读者学会在不同的设计阶段采用多种模型的制作方法。书中附有大量的图片，图文并茂，清晰准确地讲解了模型的制作过程以及目的，对于不同材质的模型板采取的方法也有所差别。

本书适用于建筑室内设计专业的学生及相关专业的从业人员，读者可通过阅读此书，达到自学的目的。书中所选择的模型实例均来自作者多年实践教学成果中的优秀作品，使读者在学习模型制作的同时，获得灵感的激发和审美的愉悦，这对读者设计能力的培养、审美能力的提高大有裨益。

汪晓东

集美大学美术学院副教授

艺术设计学博士、硕士生导师

2017 年 11 月 27 日深夜于厦门

目录
Contents

项目 1
室内模型理论与基础

001 ——

项目 2
室内模型制作方法与训练

026 ——

项目 3
室内模型作品的拍摄与赏析

141 ——

项目 1 室内模型理论与基础

▎ 模块 1 基本理论知识

1.1 模型的概念

模型，一般分为实体模型（具有重量和体积的实体物件）和虚拟模型（通过数字表现用电子数据构成的形体）。通常是指用于试验、展览或者铸造机器零件等使用的模子。模型的记载可以追溯到公元 121 年成书的《说文解字》注曰："以木为法曰模，以竹为之曰范，以土为型，引申之为典型。"就是指在构建营造之前，使用简单直观的模型来进行更加方便的展示，权衡尺度，审时度势，在方寸之间通过微观却又详细细致的制作展现出它的建筑构造。

模型是设计的一种直观的表达方式，是指设计师把自己的想法、设计理念运用各种不同的材料、

技巧和手段塑造成三维立体的形式，并通过内在和外在的比较关系，以适当的比例制成的缩样小品。

1.2 模型的类型

模型的种类较多，目前还没有文献记载从某个角度对其进行全面的分类归纳。如从设计主题方面看，模型不仅是辨识和分析的工具，而且是形式表达的发展和应用。从设计分析方面看，模型是进行造型推敲和空间形态分析的参照物。从设计成果展示方面看，模型可为设计作品提供三维立体空间的展示。从内容的角度看，模型可分为建筑模型、城市规划模型、园林景观模型、室内模型、商业展示模型、产品与家具模型等。从材料的角度看，模型可分为木质模型、塑料模型、有机玻璃模型、水晶模型、金属模型、竹制模型、陶瓷模型等。从时代的角度看，模型可分为仿古建筑模型、现代设计模型、未来概念模型。从制作工艺的角度看，模型可以分为手工制作模型、手工与机械结合制作模型、电脑制作模型、电脑 3D 打印模型等（图 1-1 ～图 1-26）。

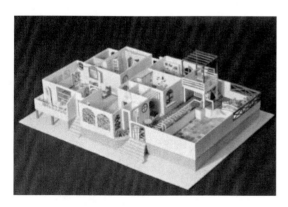

图 1-1 室内模型 赵舒恒、郑钰涵
指导教师：薛丽芳 湄洲湾职业技术学院

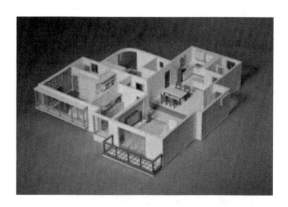

图 1-2 室内模型 陈柄林 指导教师：薛丽芳
湄洲湾职业技术学院

图1-3 城市规划模型1 厦门城市规划展览馆

图1-4 城市规划模型2 厦门城市规划展览馆

图1-5 城市规划模型3 厦门城市规划展览馆

图1-6 城市规划模型4 厦门城市规划展览馆

图1-7 园林景观模型1 厦门城市规划展览馆

图1-8 园林景观模型2 厦门城市规划展览馆

图1-9 园林景观模型3 厦门城市规划展览馆

图1-10 园林景观模型4 厦门城市规划展览馆

图 1-11 园林景观模型 5 厦门城市规划展览馆

图 1-15 木制景观模型 厦门城市规划展览馆

图 1-12 园林景观模型 6 厦门城市规划展览馆

图 1-16 竹制手工模型

图 1-13 仿古建筑模型 厦门城市规划展览馆

图 1-17 木制产品模型

图 1-14 3D 打印模型 木制仿古

图 1-18 塑料模型

图1-19 产品模型

图1-23 手工家具模型 肖秋明
指导教师：薛丽芳 湄洲湾职业技术学院

图1-20 竹制手工家具模型

图1-24 手工家具模型 赵舒恒
指导教师：薛丽芳 湄洲湾职业技术学院

图1-21 陶瓷模型

图1-25 手工家具模型 刘熠珍
指导教师：薛丽芳 湄洲湾职业技术学院

图1-22 陶艺家具模型

图1-26 手工家具模型 湄洲湾职业技术学院
学生作品

模型一般按用途与材料两方面进行分类。

1. 模型按用途分类

模型按用途可以分为四类。第一类是设计分析模型，第二类是表现模型，第三类是房产销售模型，第四类是特殊展示模型。无论哪种类型的模型，都是平面向立体的转化，即把图纸上的平面、立面垂直发展成为三度空间形体来形象地表达设计师的思想。

（1）设计分析模型

设计分析模型是设计方案前期常用的一种方案分析手段。它以表现设计的方案为目的，强调对设计方案的推敲和创意的表达，相当于完成了设计方案的立体草图，只是以实际的模型制作代替了用笔绘制的草图，其优越性显而易见，同时更有利于对方案构思的深入分析。

设计分析模型广泛地被建筑师、园林设计师和室内设计师所掌握，主要是因为它是设计师的一种模型初稿。在进行建筑设计时，可用模型来辅助表现建筑的体块关系；进行结构分析研究时，可用模型来解剖内在结构，找出问题所在。

图1-27、图1-28为厦门理工学院学生的毕业设计作品。图1-27是典型的室内空间设计分析模型，模型注重对室内空间整体关系的推敲与把握，运用厚纸板十分简要地表现出室内建筑的体块关系。

图1-28展示的是景观规划设计模型，模型主要表现了建筑与环境之间的关系，用概念的体块表现出建筑环境空间的体块关系。与传统的图纸相比，模型更加生动立体。图1-29～图1-31为设计构思模型，这类模型相当于设计师的工作草图，表现手法比较朴实简单，易于手工制成。图1-32为厦门城市规划展览馆的厦门音乐中心建筑概念设计模型，模型运用木板、有机玻璃、棉花等材质概念性地表现了作者的设计理念。

设计分析模型通常采用简单的办法和易加工的材料快速加工而成，多采用木板、厚纸板或厚卡纸进行制作。在制作过程中不对细节做过多考虑，重点对设

计方案进行分析。

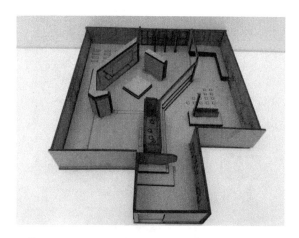

△ 图1-27 设计分析模型1 厦门理工学院学生作品

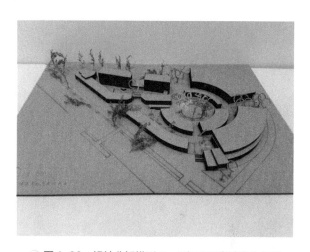

△ 图1-28 设计分析模型2 厦门理工学院学生作品

△ 图1-29 设计构思模型1 麻勇彬
指导教师：薛丽芳 湄洲湾职业技术学院

式，具有直观性的突出优点和独到的表现力。这类模型的设计制作不同于设计分析模型，它是以设计方案的总图、平面图、立面图为严格的依据，按比例模数微缩得十分准确。表现模型最注重对设计方案的真实表现，它是设计方案实施效果的真实展示（图1-33～图1-36）。

图1-30　设计构思模型2　麻勇彬
指导教师：薛丽芳　湄洲湾职业技术学院

图1-31　设计构思模型3　麻勇彬
指导教师：薛丽芳　湄洲湾职业技术学院

图1-32　概念设计模型　厦门城市规划展览馆

（2）表现模型

表现模型作为建筑与环境艺术设计的重要表现形

图1-33　表现模型1　厦门城市规划展览馆

图1-34　表现模型2　厦门城市规划展览馆

图1-35　表现模型3　湄洲湾职业技术学院

⚠ 图1-36　表现模型4　徐玉灵
　　指导教师：薛丽芳　湄洲湾职业技术学院

图1-33为闽南红砖民居表现模型，模型比例为1:200，我们可以看到，模型应用精确的比例关系、细腻的表现手法把闽南红砖民居的特色和周围环境十分真实地表现出来。图1-34为鼓浪屿历史风貌区表现模型，模型比例为1:380，模型所有的细节都是鼓浪屿实景的真实表现，较好地呈现了鼓浪屿景区微缩后的造型。图1-35和图1-36为湄洲湾职业技术学院学生作品，模型十分细致地表现了室内空间布局、家具陈设，包括室内装饰摆设、图书等细节。

（3）房产销售模型

房产销售模型是房地产商宣传房地产售楼所用。通常见于大型房地产交易会、地产售楼中心、大型高档商场等。这类模型多采用机器加工，做工精巧细致，多选用新型模型材料。在制作上注重对模型整体环境的塑造，多采用鲜艳跳跃的色彩和炫目的灯光以吸引顾客的眼球（图1-37～图1-39）。

（4）特殊展示模型

特殊展示模型是指因特殊用途、特殊功能和特殊效果而制作的模型，其特点是综合性较强，制作工艺讲究，通常使用机械、电子及现代化装饰艺术手段，使模型具有发声、发光、流水、旋转、声光同步、电脑自动化控制等特殊功能。图1-40～图1-42是厦门市总体规划模型，是超大尺寸的展示模型。模型十分逼真地反映出城市未来发展的规模，在沙盘中运用不同的灯光对模型进行分组展示突出模型的主体；运用先进的材料表现出水面的效果，园林景观绿化植被丰富精致，声光同步，模型具有专业性、前瞻性。同时模型背景配置超大电脑屏幕，随时播放厦门总体规划演示片，参观者可在观赏模型的同时，了解厦门市总体规划的宏伟目标。

⚠ 图1-37　房产销售模型1　厦门泰地置业有限公司

⚠ 图1-38　房产销售模型2　厦门泰地置业有限公司

⚠ 图1-39　商业建筑沙盘模型　厦门融信·海上城

⚠ 图1-40　城市规划大模型局部1　厦门城市规划
　　展览馆

图1-41　城市规划大模型局部2　厦门城市规划展览馆

图1-42　城市规划大模型局部3　厦门城市规划展览馆

2. 模型按材料分类

（1）纸质模型

纸质模型是利用各种不同厚度和不同质感的卡纸来制作模型，并采用刻、切、剪、折、粘贴、喷绘等手段进行加工。纸质模型适合初学者构思模型的训练和短期模型的制作，纸质材料加工简便，具有容易裁切、弯折和粘合的特点且经济实惠，制作容易出效果，可以对概念设计模型进行直接表达，是建筑及环境艺术专业的学生需要熟练掌握的一项表现技能（图1-43～图1-47）。

（2）发泡塑料板模型

KT板等发泡塑料材料是目前被设计院校广泛采用的一种模型制作材料。KT板是一种由PS颗粒经过发泡生成主板芯，表面覆膜压合而成的材料，板体轻盈、挺拔、不易变质、易于加工，可直接在板上印刷、喷漆、上胶、喷绘等。KT板发泡塑料板价

格低廉，较适合学生及模型制作初学者使用，适用于建筑模型、区域规划模型、室内模型、室内家具陈设模型等（图1-48～图1-55）。

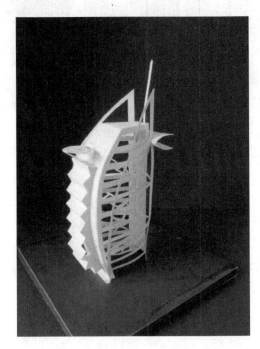

图1-43　纸质模型　肖秋明　指导教师：薛丽芳　湄洲湾职业技术学院

图1-44　纸质模型　厦门理工学院学生作品

图1-45　纸质模型　兰杨娇　指导教师：薛丽芳　湄洲湾职业技术学院

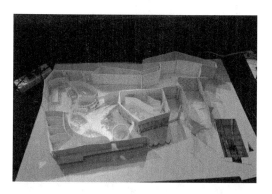

图 1-46　纸质模型　福州大学厦门工艺美术学院

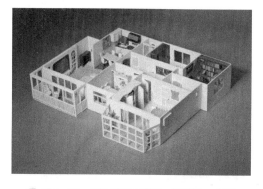

图 1-50　KT 板室内模型　黄幼珍、郑锋
指导教师：薛丽芳　湄洲湾职业技术学院

图 1-47　纸质模型　林思文　指导教师：薛丽芳
湄洲湾职业技术学院

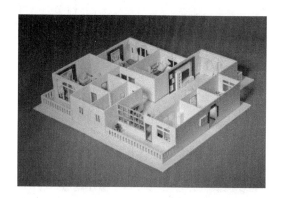

图 1-51　KT 板室内模型　钟奶荣
指导教师：薛丽芳　湄洲湾职业技术学院

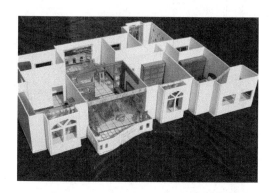

图 1-48　KT 板室内模型　康婉婷、陈丹
指导教师：薛丽芳　湄洲湾职业技术学院

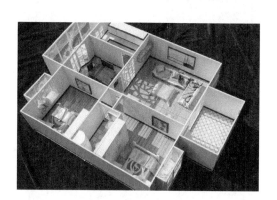

图 1-52　KT 板室内模型　刘坤朴、郑伟玲
指导教师：薛丽芳　湄洲湾职业技术学院

图 1-49　KT 板展示模型　汤巧娟、林芳等
指导教师：薛丽芳　湄洲湾职业技术学院

图 1-53　KT 板室内模型局部　赵舒恒、郑钰涵
指导教师：薛丽芳　湄洲湾职业技术学院

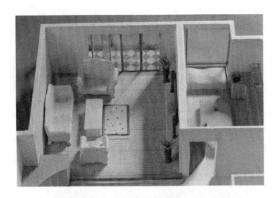

图1-54　KT板室内模型局部　陈柄林
指导教师：薛丽芳　湄洲湾职业技术学院

图1-55　KT板展示模型　林园梅等
指导教师：薛丽芳　湄洲湾职业技术学院

图1-57　有机玻璃模型2　厦门城市规划展览馆

图1-58　有机玻璃模型3　厦门城市规划展览馆

（3）有机玻璃模型

有机玻璃模型具有材质高档、表面透明、易于加工、容易制作出精致的细节等综合效果进行表现的特点。目前有机玻璃模型已被设计专业院校广泛采用，尤其在一些大型的建筑项目投标中受到普遍的欢迎，同时也广泛应用在房地产项目的展示中。有机玻璃板特别适合表现建筑室内模型制作的墙体结构，可以让观众直观地看到室内外的空间布局与装饰（图1-56～图1-58）。

图1-56　有机玻璃模型1　厦门城市规划展览馆

（4）木制模型

木制模型主要采用胶合板制作，用一般木工工具就可以加工，也可运用雕刻机雕刻平面图等，制作工艺简单，但切割刀具要求锋利，切割时边角的处理一定要细致到位。木制模型的表现风格简洁质朴，多用于设计院校学生对构思方案的表达（图1-59～图1-61）。

（5）综合材料模型

综合材料模型采用多种材料组合制作而成，适用于规划模型、展示模型和室内模型制作。如在室内模型制作中，墙体运用透明有机玻璃制作，地板上贴印有花岗石纹和木纹的仿花岗石板材的粘贴纸，客厅背景贴上一层印有砖纹、石纹或木纹的墙纸等。图1-62是典型的综合材料模型，模型的墙体用有机玻璃板制作，地面粘贴带有纹理的瓷砖纸表现瓷砖的质感，沙发和床品则选用布艺进行表现。这类模型将多种材料组合在一起，达到方案实施后的逼真效果，具有很强的视觉冲击力（图1-62～图1-65）。

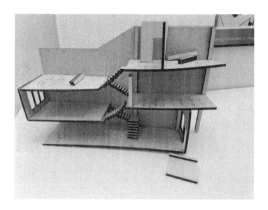

⚲ 图1-59 木制模型1 厦门理工学院学生作品

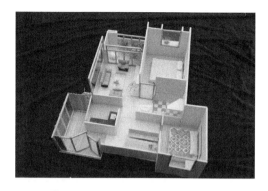

⚲ 图1-63 综合材料模型 周芳伟
指导教师：薛丽芳 湄洲湾职业技术学院

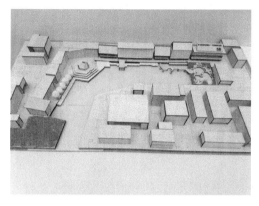

⚲ 图1-60 木制模型2 厦门理工学院学生作品

⚲ 图1-64 综合材料模型1 厦门城市规划展览馆

⚲ 图1-61 木制模型 福州大学厦门工艺美术学院
学生作品

⚲ 图1-65 综合材料模型2 厦门城市规划展览馆

  总之，无论是哪种类别的模型，设计者都要把自己的想法、设计理念融入到模型的制作过程当中去。相比最初的平面图而言，模型制作不仅可以解决在平面图纸上无法解决的问题，还能从空间上对室内外环境进行布局，在室内陈设上进行具体细致的表现；相对比虚拟的渲染效果图来讲，模型比渲染图更加直观地向大众进行展示，让大众更直观地观赏室内外空间和建筑之间的装饰、朝向、通风、采光等因素。因此，一个完善的模型是保证设计成功完成实施的必要条件之一。

⚲ 图1-62 综合材料模型 赵舒恒、钟奶荣
指导教师：薛丽芳 湄洲湾职业技术学院

本书中重点介绍室内模型的制作，从设计类院校的角度来说，室内模型制作课程通过室内模型的设计和制作来锻炼学生自主创作的能力，提高学生的动手能力，从而使室内模型制作成为建筑室内设计专业人才培养方案中的一门重要学科。图1-66～图1-69为湄洲湾职业技术学院工艺美术学院室内设计专业的学生作品。

⊛ 图1-69　室内模型　郑艺恋　指导教师：薛丽芳
湄洲湾职业技术学院

1.3　室内模型的比例

模型比例是指建筑与环境的实景和模型这两个同类尺度数的相互比较。建筑实景尺度数与模型尺度数倍数一般是1:50、1:200、1:1000、1:2000等。由于模型的比例涉及它的面积、精度、经济等综合问题，很难对其提出统一的要求。因为模型是参照建筑景物的实际尺寸缩小而成的，所以没有比例便不成模型（图1-70～图1-76）。

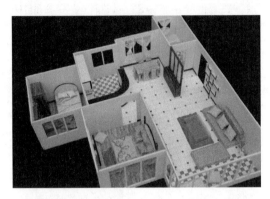

⊛ 图1-66　室内模型　孙云　指导教师：薛丽芳
湄洲湾职业技术学院

⊛ 图1-67　室内模型　徐鑫　指导教师：薛丽芳
湄洲湾职业技术学院

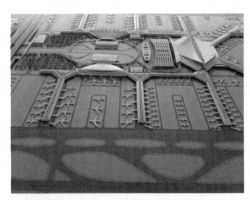

⊛ 图1-70　比例为1:2000的城市规划模型
厦门城市规划展览馆

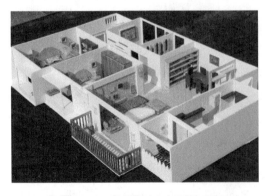

⊛ 图1-68　室内模型　麻勇彬、钟伟
指导教师：薛丽芳　湄洲湾职业技术学院

⊛ 图1-71　比例为1:800的城市规划模型
厦门城市规划展览馆

图 1-72　比例为 1:520 的建筑模型
厦门城市规划展览馆

图 1-73　比例为 1:400 的建筑模型
厦门城市规划展览馆

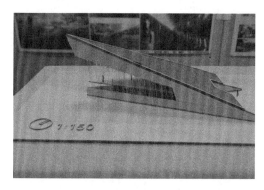

图 1-74　比例为 1:150 的单体建筑模型
厦门工艺美术学院

图 1-75　比例为 1:100 的小别墅模型
厦门城市规划展览馆

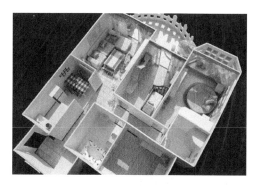

图 1-76　比例为 1:25 的室内模型　兰杨娇
指导教师：薛丽芳　湄洲湾职业技术学院

图 1-70 为厦门城市规划展览馆展示的翔安新机场规划模型，模型比例为 1:2000，采用机械电子设备十分精准地微缩了实际比例尺寸，模型制作精细别致，极具观赏性。图 1-74 是模型比例为 1:150 的单体建筑模型，重点反映建筑的体块关系、立面造型，细节的刻画更加精准。别墅类的小建筑模型，宜用 1:50 ～ 1:100 的比例，图 1-75 为厦门城市规划展览馆展示的老别墅模型鼓浪屿八卦楼，模型应用比例 1:100 真实地微缩了八卦楼的外观特色和周围环境。室内性的剖面内构模型，一般用 1:20 ～ 1:45 的比例。图 1-76 为湄洲湾职业技术学院的学生作品，模型比例为 1:25，模型逼真地反映了室内环境的每一处细节变化，如窗口的凹凸、玻璃的质感、家具的样式、地板的纹理等。

在室内模型制作中，模型比例计算是否准确至关重要。在实际教学中，常常会出现一些学生家具、门窗等比例计算不准确的现象，究其原因是没有准确地把握室内陈设物的实际尺寸。如何科学地计算室内空间常用的尺寸比例，首先要掌握人机工程学的基本知识和室内实际空间的常用尺寸。

1. 室内实际空间的常用尺寸（单位：cm）

（1）墙面
①踢脚板高：8 ～ 20。
②墙裙高：80 ～ 150。
③挂镜线高：160 ～ 180。

（2）餐厅、厨房
①餐桌高：75 ～ 79。
②餐椅高：45 ～ 50。

③圆桌直径：二人50、二人80、四人90、五人110、六人110～125、八人130、十人150、十二人180。

④方形餐桌：二人70×85，四人135×85，八人225×85。

⑤中式餐桌高度：75～78，西式餐桌高度：68～72，一般方桌宽度：120、90、75。

⑥厨房吊柜高度：150，吊柜和操作台之间距离：60。

⑦厨房灶台高度：65～70，锅架离火口高：40，抽油烟机和灶台之间的高度：70。

（3）卫生间

①卫生间面积：3～5m²。

②浴缸长度：122、152、168，宽度：72，高度：45。

③坐便器：75×35。

④冲洗器：69×35。

⑤盥洗盆：55×41。

⑥淋浴器高度：210。

⑦化妆台长度：135，宽度：45。

（4）室内通道

①楼梯间休息平台净空：210。

②楼梯跑道净空：230。

③客房走廊高度：240。

④两侧设座的综合式走廊宽度：250。

⑤楼梯扶手高度：85～110。

（5）门洞、门窗

①准入户门洞：90×200，房间门洞：90×200，厨房门洞：80×200，卫生间门洞：70×200。

②入户子母门尺寸：120×200，入户单门尺寸：90×200；室内门宽度：80～95，高度：190；卫生间、厨房门宽度：80、90，高度：190。

③标准窗户

客厅：150×180～180×210；中等卧室：120×150～150×180；大卧室：150×180～180×210；卫生间：60×90～90×140。

2. 家具设计的基本尺寸（单位：cm）

（1）橱柜类

①衣橱深度：60～65，衣橱门宽度：40～65。

②推拉门宽度：75～150，高度：190～240。

③矮柜深度：35～45，柜门宽度：30～60。

④电视柜深度：45～60，高度：60～70。

（2）床

①单人床宽度：90、105、120，长度：180、186、200、210。

②双人床宽度：135、150、180，长度：180、186、200、210。

③圆床直径：186、212.5、242.4（常用）。

（3）沙发

①单人式沙发长度：80～95，深度：85～90；坐垫高：35～42；背高：70～90。

②双人式沙发长度：126～150，深度：80～90。

③三人式沙发长度：175～196，深度：80～90。

④四人式沙发长度：232～252，深度80～90。

（4）茶几

①小型茶几（长方形）长度：60～75，宽度：45～60，高度：38～50。

②中型茶几（长方形）长度：120～135，宽度：38～50或者60～75，高度：43～50；正方形茶几长度、宽度：75～90，高度：43～50。

③大型茶几（长方形）长度：150～180，宽度：60～80，高度：33～42（33最佳）。

④圆形茶几直径：75、90、105、120，高度：33～42。

⑤前置型茶几：90×40×40（高）。

⑥中心型茶几：90×90×40，70×70×40。

⑦左右型茶几：60×40×40。

（5）办公桌椅

①办公桌长度：120～160，宽度：50～65，高度：70～80。

②办公椅高度：40～45，长×宽：45×45。

③书柜高度：180，宽度：120～150，深度：

45 ～ 50。

④ 书架高度：180，宽度：100 ～ 130，深度：35 ～ 45。

在模型制作之前，制作者应根据室内空间及物品的实际尺寸除以模型比例数，即可准确计算出模型需要的尺寸。

模型的比例计算是模型制作中至关重要的环节，比例计算是否准确直接影响着模型制作的最终效果。已经确定的比例，在制作模型时不能计算错误，否则后面模型在组装的时候就会出现误差。例如制作者在缩放平面图时，没有从整体上进行比例缩放，而只是进行各部位缩放，那么比例计算就不统一，就会造成室内物品大小不一，从而造成比例不协调。室内模型制作比例一般较小，在模型制作中是比较难做的一种模型，对比例的要求尤其严格，只要室内有一处家具模型比例计算不准确，就直接影响模型的整体效果。如果学生对室内实际空间尺寸不了解，就可能导致在制作过程中比例计算混乱，室内比例尺寸大小不统一。因此，要制作精美的室内模型，必须要掌握室内空间的实际尺寸，才能计算出模型需要的比例。

1.4　室内模型的制作原则

室内模型制作所体现的是室内装饰设计的最终实现效果，要求必须准确地体现室内外的空间结构以及和周围环境的相互关系。例如图 1-78 为比例 1:25 的室内模型，这类比例模数特别适合表现中小型的户型，其对室内的表现细致到位，门窗及家具的制作都要求比例准确。模型制作是一个把平面图纸设计转化为三维立体表现的综合设计制作过程，它涉及构思设计、材料装饰、色彩搭配、制作工艺等因素。一个合格的模型一定是使观赏者感觉模型虽然不是生活中的实体，但具有实体的逼真效果。因此，在模型设计制作过程中应遵循以下基本原则：

（1）室内模型制作的科学性原则

室内模型设计制作不同于一般的立体构成等手工制作，它要求按照专业理性的制作步骤进行。因此室内模型的设计与制作原则要求尽量科学与客观地表现设计方案的设计理念，不允许有比例不统一、夸张变形等现象。在制作中要严格按照客观对象的比例模数进行缩放，并且要从整体上把握室内陈设物各个方面的比例关系，在缩放时比例要计算统一，同时尽可能准确地反映各种材质的特点。图 1-78 中模型的制作真实地反映出了设计方案的构思，虽然没有在模型的细节上有过度地刻画，但是制作的比例模数准确而严谨。如图 1-77 ～图 1-79 所示为室内模型示例。

图 1-77　比例为 1:25 的室内模型　姚婉婷
指导教师：薛丽芳　湄洲湾职业技术学院

图 1-78　比例为 1:25 的室内模型　钟奶荣
指导教师：薛丽芳　湄洲湾职业技术学院

图 1-79　比例为 1:25 的室内模型　林芳
指导教师：薛丽芳　湄洲湾职业技术学院

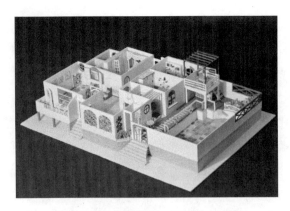

图 1-80 室内模型 赵舒恒、郑钰涵
指导教师: 薛丽芳 湄洲湾职业技术学院

（2）室内模型制作的艺术性原则

室内模型制作属于艺术设计的范畴，模型除了要准确反映建筑的形态外，更应注重运用艺术的手段进行表现，通过色彩的搭配和材质的表现，艺术性地再现实际生活场景的艺术效果。在客观世界中，人对色彩美感的视觉反应要强于形体美感，正如法国文艺评论家丹纳认为"色彩之于形象有如伴奏之于歌词"。模型的色彩配置与模型设计制作的成功与否有着密切的关系，同时也决定着模型整体的风格。在模型的制作中，通过对各种上色技巧和涂饰工艺的了解与应用，模型可以准确表现和运用现代的调色和喷绘工艺，表现实物的表面色彩及变化。

图 1-80 是小型别墅室内模型，其构思方案采用地中海式艺术风格，模型采用鲜明的地中海蓝色调表现出独特的地中海式室内设计风格，在室内陈设上大量采用别具一格的装饰画、休闲的蓝白条布艺家具、盆栽、藤椅等，室内环境的立体形态和表面形态都表现出装饰设计的和谐之美，达到制作手法逼真的艺术效果，给人以艺术的享受。

（3）室内模型制作的工艺性原则

模型制作加工的设备和工具，是发挥工艺技巧的重要保证。先进的工艺、材料及设备是提高现代室内艺术模型制作效率和质量的重要条件，选择时必须予以充分重视。在模型制作过程中，制作者应该合理安排模型制作时间、制作工序，把握工艺流程，从看图识图、模型放样、地面墙体起骨架到室内建筑表面及家具装饰，都应做到专业化、工艺化。为了追求科学性与工艺性的完美结合，室内模型的设计与制作很讲究规整和精细，在制作的过程中要尽可能表现工艺性的加工特点，以提高模型制作的工艺性。同时应注重传统手工制作和机械加工相结合的制作方式，有时手工制作的模型会更加生动和自然。图 1-81 和图 1-82 是典型的手工制作室内模型，模型的加工制作简单、质朴，能较好地反映出设计者的构思。

图 1-81 手工室内模型 郑秋玲、邱月梅
指导教师: 薛丽芳 湄洲湾职业技术学院

图 1-82 手工室内模型 付玉琴等
指导教师: 薛丽芳 湄洲湾职业技术学院

室内模型的工艺性原则要求作品制作规整、精细，具备科学性与艺术性的完美结合。建筑与环境模型的设计制作，讲究规整与精工，要求制作精细，刻意求工。

模块 2　室内模型制作的材料与设备

2.1　室内模型制作的材料

子曰："工欲善其事，必先利其器。"想要做好模型，材料和工具的准备工作是非常重要的。模型制作的材料直接影响着模型的最终效果。随着科技的不断发展，各种各样的模型材料日益增多，对于刚刚开始接触模型制作的制作者而言，只有深入了解各种模型的主要材料和辅助材料，才能轻松地设计和制作出完美的室内模型。不同种类、型号、质地、颜色的纸质材料无疑是模型制作的首选材料，因为纸质材料的价格相对来说比较便宜，获得比较容易，携带也非常方便，而且它们质地比较柔软，能够随意折叠和裁剪（取决于纸质材料的厚度），可以自如地完成造型。同时纸质材料能够在两个方向上弯曲，这也使它们与其他材料相比具有更大的优势，纸质材料是制作模型的理想材料，既有利于模型制作者完成设计初始阶段的概念模型制作，也较适用于深入阶段中模型精细部分的制作。

室内模型制作的常用主要材料有以下几种：

1. 纸质材料

（1）卡纸

卡纸一般分为单面白卡纸、双面白卡纸、灰卡纸、有色卡纸。与普通纸张相比，卡纸相对较厚，市面上最厚的厚度有 1.22mm。卡纸价格便宜，易加工，表面易处理，能够随意裁剪和折叠，比较适合制作沙盘模型和场景房屋建造，也适合制作简单的室内模型和构思模型。灰色卡纸和有色卡纸适合表现室内及陈设物不同的饰面。目前国内市场上卡纸的种类很多，制作者可根据模型制作的需要选择不同的卡纸。

（2）特种纸

特种纸是指将不同的纤维利用抄纸机抄制成具有特殊肌理的纸张，例如单独使用合成纤维，合成混合木浆或纸浆等原料，再配合不同材料进行加工或修饰，形成不同的肌理纸张的效果。特种纸可应用于各个行业，如文化艺术、建材、生活、机械工业等。在室内模型制作中，制作者可根据设计的需要适当应用特种纸，如电视背景墙、玄关背景或室内局部装饰等。

（3）厚纸板

厚纸板主要用于环保包装的特殊位置加强支撑，如手袋和箱包中的撑板。厚纸板中间用纸浆压制成比较厚的坚固面，两边用纸张黏合加工而成，常用厚度为 2～8mm。厚纸板的种类有纸卡板、胶合卡板、纤维卡板等，可以用于室内模型墙体的制作。

（4）墙贴纸

墙贴纸又称壁纸，早在唐朝时期，就有人在纸张上绘图用来装饰室内墙面。墙贴纸大多采用 PVC 胶面材料，其突出优点是使用无毒增塑剂、抗化学腐蚀、难燃、耐磨等，用于家居内墙体装修，特点是环保、健康、防水、不褪色等，上墙后黏性可保持 6 年左右。目前市面上售有各种比例尺寸的仿真墙贴纸，非常适合室内外模型的仿真装饰效果的营造（图 2-1、图 2-2）。

△ 图 2-1　壁纸 1

△ 图 2-2　壁纸 2

（5）手工纸

手工纸是指用手工将原木浆制作成各类纸制品，如我国的宣纸，印尼、泰国、尼泊尔的手工纸。手工纸有很强的防腐蚀能力，不变形，不褪色，是理想的室内模型局部装饰用纸（图2-3）。

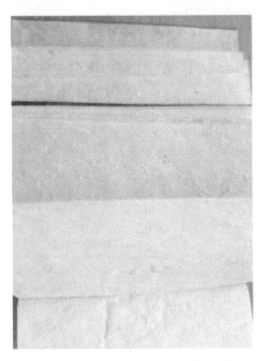

图2-3　手工纸

（6）仿真地板纸

仿真地板纸的种类有仿木纹的、大理石的、瓷砖的，其比例大小适用于室内模型制作的仿真装饰（图2-4）。

图2-4　仿真地板纸

（7）绒纸

绒纸又称植绒纸，它的表面柔软有弹性且色泽鲜艳，主要用于室内制作模型中的草坪、绿地和模型保护罩的底盘装饰等。可根据室内模型装饰设计的需要进行绒纸颜色和种类的选择。也可自制绒纸，方法是：将细的锯末粉染上所需要的颜色，然后选择颜色相应的有色卡纸或在厚纸板上喷上相应的颜色，在卡纸或已上色的厚纸板的表面涂上胶水，再将已经晾干的染色锯末粉多次反复均匀地撒在表面涂有胶水的卡纸或厚纸板上，直到达到所需的效果为止（图2-5）。

图2-5　绒纸

（8）吹塑纸

吹塑纸具有价格低廉、易加工、色彩柔和多样等特点，适用于制作概念模型、构思模型、规划模型等。

（9）涤纶纸

涤纶纸适用于室内外模型的窗、水池、泳池等的仿真装饰。

（10）锡箔纸

锡箔纸可用于室内模型中的金属仿真构件的装饰，如锂合金窗套、门套、不锈钢水池等，也可用作镜面。

（11）砂纸

砂纸主要用来打磨切割面，也可用于室内特殊质感的地毯和室外环境中的路面、绿地等的装饰。

（12）广告纸

广告纸用于制作模型中的地板、窗户、柜台等的装饰，还可用于模型保护罩底盘的装饰。

（13）牛皮纸

牛皮纸具有弹性好、平整性高、强度高等优点。一般呈黄褐色，经过全漂或半漂的牛皮纸呈奶油色、白色或淡褐色。与其他纸相比，牛皮纸自然的褐色看起来怀旧、温馨，比较适合田园风格的室内模型装饰。

（14）硫酸纸

硫酸纸也称拷贝纸，呈半透明状，表面没有涂层，在工程上通常用来制作底图，可以直接放在原稿上描出来，适用于模型制作初期拷贝平面图或室内装饰设计图。

2. 各种板材

随着科学技术的发展，能够用于制作模型的材料越来越多，呈现出多样化的趋势。面对纷繁复杂的材料市场，只有清楚地了解模型材料才能完美地体现设计者的理念，准确地展现制作者的创作意图，充分呈现丰富的艺术效果。一般情况下，可以将模型制作材料大致分为主材和辅材两大类。

主材是指模型制作的主要材料。当前，在环境艺术设计的模型制作过程中，通常使用的主材有：木质材料、塑料材料、金属材料、浇注材料。本节具体介绍以下几种常用的模型制作材料。

（1）KT 板（泡沫板）

KT 板是一种由 PS 颗粒经过发泡生成主板芯，表面覆膜压合而成的材料，板体轻盈、挺括、不易变质、易于加工，可直接在板上印刷、喷漆、上胶、喷绘等。KT 板的尺寸一般长度为 2.4m，厚度为 0.5cm。KT 板价格低廉，适合院校学生及模型制作初学者使用，主要用于室内模型的墙体、门窗及家具骨架的制作，也可用来制作地板及底盘。但要注意，由于 KT 板内芯比较软，不容易切割平整，切割时刀要利要快，要一次切到位，才会平整美观。

（2）雪弗板

雪弗板又称 PVC 发泡板，它以聚氯乙烯为主要原料，加入发泡剂、抗老化剂、阻燃剂，外面是 PVC 贴面，采用专用设备压制成型。颜色主要为白色和黑色，外观和 KT 板相似，但密度和重量都比 KT 板要重 3～4 倍，所以价格也贵 3～4 倍。雪弗板硬度比 KT 板高，好的雪弗板用手指是捏不动的，相对而言，用雪弗板来制作室内模型会更理想。

（3）ABS 板

ABS 板又称工程塑料板，是一种新兴的模型塑料板材材料，具有硬、刚、韧等性能。ABS 板的尺寸稳定、冲击强度高、不易染色、易于成型加工，其机械强度高、刚度高、吸水性低、耐腐蚀、无味无毒、耐热不变形、连接简单。ABS 板的厚度 × 宽度 × 长度为 1～200mm×1000mm×2000mm，也可以按照要求定制尺寸。板材颜色为米白色、黑色、透明等，ABS 板硬度高，适合机械切割，手工切割较费劲，主要用于模型制作的墙体、底盘等。

（4）亚克力板

亚克力板又称有机玻璃板，为有机玻璃板材。亚克力板无毒、亮度高、抗冲击力强、寿命长、可塑性强，比普通玻璃轻一半、造型变化大、易加工成型。它有透明和不透明两种，可以制成具有独特装饰效果的装饰品。亚克力板的厚度×宽度×长度为 1～50mm×1220mm×2440mm，厚度一般最厚为 50mm，宽度最长为 2000mm，长度最长为 3000mm。亚克力板成本较高，是制作室内模型的上等材料，适合制作墙体、门窗、台阶、家具、底盘等。用亚克力板制作出来的模型显得档次高，效果是其他板材无法比拟的。由于亚克力板价格高，不易生产，故市场上出现了不少价廉的仿制品。这些仿制品外观很像亚克力板，但其实是普通有机板的一种，这种普通有机板是用普通有机玻璃的下脚料加色素浇铸压制而成的，其表面硬度低，易切割，易褪色，用细砂纸打磨后抛光效果不如亚克力板，但用这种透明有机板制作出来的效果会比 KT 板好，而且对学生来讲，价格较实惠。总之，真假亚克力可以从板材切割面的细微色差和抛光效果中去分辨。

（5）密度板

密度板又称纤维板，是以木质纤维或其他植物纤维为原料胶黏制成的人造板材。它分为低密度板、中密度板和高密度板。密度板的长度×宽度有 1220mm×2440mm 和 1525mm×2440mm 两种，厚度有 3mm、5mm、9mm 等。密度板性能稳定，表面光滑平整，装饰性好，边缘牢固不易腐朽，容易进行涂饰、加工、上漆、上胶，各种轻金属薄板、胶纸、薄膜、木皮、饰面板等材料均可胶黏在密度板表面上进行装饰。在模型制作中比较适合制作模型罩的底盘，也可用来制作木质材质的室内模型，但密度板耐潮性较差，遇水就发胀，故在模型制作中应注意六面都刷漆，这样才不会变形。

（6）胶合板

胶合板是一种三层或多层的板状材料，由木段旋切成单板胶合而成，通常用奇数层单板使相邻层单板的纤维方向互相垂直胶合。胶合板的长度×宽度为1220mm×2440mm，厚度为3mm、5mm、9mm、12mm、15mm、18mm等。胶合板易于加工，主要适合模型墙体、地板、底座的制作，是土建工程、家具制造等常用的材料。

3. 黏合材料

（1）酒精胶

酒精胶学名AE-7135，是丙烯酸合成树脂聚合体，不损害皮肤、无色、性质稳定、耐候性好、抗污染、黏度高、接着力强、不会腐蚀泡沫板、耐水、涂布容易、干燥迅速、操作方便、干后透明有弹性而且不影响接着物外观，适合各种板材，是模型制作的最理想的黏合材料。

（2）白乳胶

白乳胶是由醋酸乙烯单体在引发剂作用下经聚合反应制成的水溶性胶黏剂，是目前用量最大、用途最广的水性环保胶。其优点是价格便宜、无毒、黏性好、不污染被黏物、便于加工、成膜性好、不会腐蚀、使用方便，缺点是干燥速度不如酒精胶，完全干燥必须要隔一夜才能定型，但正是由于不易干燥反而适合初学者在KT板等泡沫材质的模型制作过程中随时修改错误，同时适合室内家具、电器等模型的黏合。白乳胶待完全固定后较牢固，不易变形。

各种黏合材料如图2-6所示。

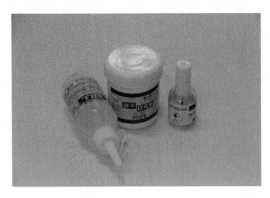

☆ 图2-6　各种黏合材料

（3）双面胶带

双面胶带是一种比较常用的粘贴用品，是以棉纸、PET、PVC膜、无纺布、泡棉、亚克力泡棉、树脂型压敏胶、丙烯酸类压敏胶等为基材，制成卷状或片状的胶黏带，由基材、胶黏剂、隔离纸（膜）三部分组成。双面胶带分为油性双面胶、水性双面胶等，广泛用于各种材料，在模型制作中适用于墙体初步模拟固定和室内各种装饰小制作的黏贴。

（4）三氯甲烷

三氯甲烷为无色透明液体，有气味、有毒，为可疑致癌物，对环境有危害，具有刺激性。它可用于黏合有机玻璃、ABS等塑料，用时须戴口罩、戴手套，注意安全，用后盖紧盖子妥善保管。

（5）强力黏合剂

强力黏合剂，如502、508、801等胶水具有一定的毒性，通常固化以后毒性会降低。502、508等胶水是氰基化合物，分解后会产生有毒的物质，能迅速聚合固化将物体粘贴牢，固化后无毒。固化过程中有腐蚀性，不适合KT板等泡沫材料的模型制作。强力黏合剂适用于金属、皮革、橡胶、陶瓷、塑料、木材、玻璃、塑胶、皮鞋等材料相互间的黏合，用时须戴口罩、戴手套，注意安全，用后盖紧盖子妥善保管。

（6）玻璃胶

玻璃胶是将各种玻璃与其他基材进行粘接和密封的材料，可用于模型保护罩的黏合。使用胶枪要顺着一条线打下来，而且不能停顿，用力要均匀，要一次性打到位（图2-7）。

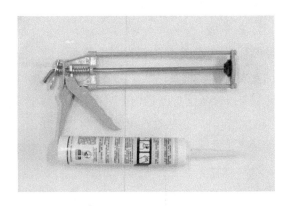

☆ 图2-7　玻璃胶、胶枪

4. 其他辅助材料

（1）喷漆

喷漆即人造化学漆的一种，由树脂、硝酸纤维素、溶剂、颜料等化学品制成。用喷枪均匀地喷在模型表面，可起到修饰、美化外观的作用，具有耐水、耐机油、干得快的功能，但是有毒性，对身体有害，在使用时应佩戴口罩，避免与皮肤接触。喷漆适用于模型制作中的墙体上色、家具上色等（图2-8）。

⚠ 图2-8　模型喷漆

（2）丙烯颜料

丙烯颜料是由颜料粉调和化学合成胶乳剂（丙烯酸乳胶）制成的，属于人工合成的聚合颜料，可用水稀释，速干、颜色鲜润、干后不易掉色变黄，适用于模型制作中的墙体上色、家具上色等，比喷漆更环保。

（3）马克笔

马克笔又名记号笔，是一种书写或绘画专用的绘图彩色笔，本身含有墨水，且通常附有笔盖，一般拥有坚硬笔头。马克笔的颜料具有易挥发性，用于一次性的快速绘图。马克笔适用于设计物品、广告标语、海报绘制或其他美术创作场合，可画出变化不大的、较粗的线条。马克笔分为水性的墨水和油性的墨水，水性的墨水类似彩色笔，不含油精成分，油性的墨水因为含有油精成分，故味道比较刺鼻，而且较容易挥发。马克笔绘制于KT板上会形成类似木质肌理的效果，是制作家具模型、仿真木质地板等常用的比较简便又有效果的上色材料（图2-9）。

⚠ 图2-9　马克笔

（4）大头针

大头针由金属制成，形状与针相似，一端较大、一端尖细，用来固定物件。它可用于固定KT板材质的墙体。使用时，应将尖端对准物体方向，用拇指按住圆端并推入，尖端刺透KT墙体之间需要固定的面，然后用酒精胶封住针头以加固周围。

（5）海绵

海绵由木纤维素纤维或发泡塑料聚合物制成，用于清洁生活物品或绘画。在模型制作中，可用丙烯颜料或喷漆将海绵染色，用来制作假山、树木等。

（6）泡沫塑料

泡沫塑料也叫多孔塑料，它是以树脂为主要原料制成的内部具有无数微孔的塑料。

（7）碎布料

一般在卖窗帘布的商店里有大量剩余的碎布料，各种材质的都有，可用于模型制作中的布艺家具、抱枕、纱窗的装饰。

（8）纸黏土

纸黏土是以纸浆混合树脂和黏土制成的白色泥状物体，与面土、陶土等同属常用的捏塑素材。纸黏土无毒，颜色多种，柔软性好，不粘手，可塑性强，价钱便宜，可雕塑成不同的形状，可用于模型制作的家具、浴缸、马桶或其他建筑物。其特点是干透以后不变形。纸黏土有两种涂绘方法：湿画法和干画法。湿画法是指趁纸黏土未干之前加上颜料（丙烯颜料、水彩等）进行调配，令纸黏土内外都变成制作者想要的颜色，这种方法制作出来的作品色泽均匀，质地较好。干画法是指待纸黏土作品干透后上一层颜料（丙烯颜料、水彩等），这种方法仅能令纸黏土表面着色，制作出来的作品颜色较浮。制作者可根据需要选择相应的技法。

此外，除以上介绍的各种辅助材料外，生活中也有各种各样的废弃物品可作为模型制作的材料，如矿泉水瓶盖经加工后可制成桌面、板凳等，易拉罐的内面经加工后可制成洗碗池、镜面等，被丢弃的丝巾可制成纱幔、纱窗等，笔盖可以制成小花瓶等，还有牙签、图钉、棉花、珠子、亮片、铁线、铜丝等都是很好用的模型制作材料。随着模型产业的不断发展，市面上也开设有模型材料专卖店，各种仿真材料、半成品材料应有尽有，如家具、浴室用品、树木、假山、灯饰等，为了节约制作时间成本，这些仿真模型材料大多应用于商业模型的制作。

2.2 室内模型制作的工具设备

1. 裁剪刀具

（1）美工刀

美工刀可用来切割墙壁纸，在制作模型时可用来切割卡纸、吹塑纸、发泡塑料、各种装饰纸和薄型板材等（图2-10）。

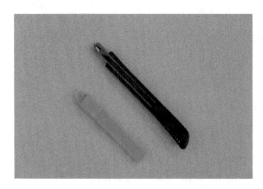

⚙ 图2-10 美工刀

（2）美工钩刀

美工钩刀刀头为尖钩状，可用来切割工具，在制作模型时用来手工切割有机玻璃、亚克力板材、ABS塑料板等材料。钩刀是切割亚克力的利器，使用方法是：把亚克力板平放在地板上，然后把尺子按在板上面，先根据需要用钩刀轻轻地在板上钩划一道，然后沿着已经刮出的直线缺口用力连续钩4次，把尺子移开；把钩划上缺口的亚克力板，放在工作台或桌子的边沿线上；把亚克力板的直线缺口对准桌台边沿线，用力住下一按，亚克力板立即齐口断开（图2-11）。

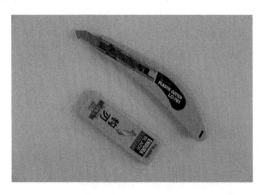

⚙ 图2-11 美工钩刀

（3）木刻刀

木刻刀是木刻版画的主要工具，分为两种：一种是木口木刻刀，它由实心钢条制成，利用刀头切口处的各种形状的锐角为刃口，刀尾有圆头木柄，把全刀拿在掌中，露出刀刃在拇指端，横手用腕推动刀柄刻出线条，宜刻精细作品。另一种是木面木刻刀，以三角形、圆形、方形槽状刀刃为主，又有平刃、斜口相辅。在模型制作时主要用斜口刀和平口刀两种，也可适应刻作需要，用来雕刻细节或切割薄型的塑料板材（图2-12）。

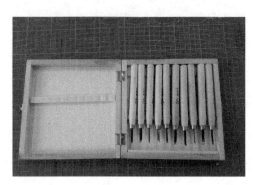

⚙ 图2-12 木刻刀

（4）单双面刀片

单双面刀片是刮胡须用的刀片，刀口最薄，极为锋利，主要用来切割薄型材料。

（5）圆规刀

圆规刀是制作圆形家具所用到的特殊工具，形状有圆规形、游标尺形、圆形等。圆规刀在操作时，可以快速定位圆心，并准确调节裁切圆的直径，省去了画圆和擦拭笔迹等环节，减少了操作空间，提高了工作效率，且能保证裁切精度。

（6）剪刀

模型制作时至少要备有大、小两把较锋利的剪刀。

2. 切割工具

（1）钢丝锯

钢丝锯适用于各种木材及塑料。厚锯片上独有XT齿，切割稳定、舒适。钢丝锯有金属架钢丝锯和竹弓架钢丝锯之分，性能相同，钢丝锯的锯条是用很细的钢丝制成。由于锯料时的转角小，锯口也很小，故能随心所欲地锯出各种形状或曲线。钢丝锯是锯割有机玻璃材料较理想的工具。

（2）电热钢丝锯

电热钢丝锯一般是自制组装的工具，在需要快速切割发泡塑料、聚苯板时有极佳的效果。

（3）电动钢丝锯

电动钢丝锯是快速切割有机玻璃材料的工具。

（4）手持式圆盘形电锯

手持式圆盘形电锯可用来锯割木质、塑料等材料。由于手持式圆盘形电锯锯割速度快，而且携带方便，所以使用较广泛。

（5）手锯

手锯使用方便，按外形分为直锯、弯锯、折锯。手锯由架弓和锯片组成，使用起来方便简单，手动使用弯锯较省力。可以多次更换锯片继续使用。在制作模型罩的时候可用来切割木板底板和木质框条等（图 2-13）。

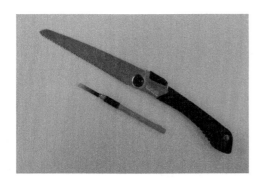

🌣 图 2-13　手锯

（6）钢锯

钢锯可用于切割金属、木质和有弹性的塑料等。

（7）锯割机

模型工程规模较大，所需要的金属材料较多时，可采用锯割机。

3. 测绘工具

测绘工具在模型制作过程中，主要完成图纸比例放样、图纸拷贝、测量材料、底盘制作时的尺寸定位、画线等工作。常用的测绘工具有：

（1）尺

尺既是测量尺寸，又是辅助切割的工具。

（2）三角板

三角板是测量平行线、直角，画直角形的必要工具。

（3）三棱比例尺

三棱比例尺是按比例绘图和下料画线时不可缺少的工具。三棱比例尺能作定位尺，在对稍厚的弹性板材作 60° 斜切时非常有用。

（4）钢板角尺

钢板角尺可用于画垂直线、平面线与直角，也可用于判断两个平面是否相互垂直。

（5）丁字尺

丁字尺又称 T 形尺，为一端有横档的"丁"字形直尺，由互相垂直的尺头和尺身构成，常在工程设计中绘制图纸时配合绘图板使用。在模型制作中，丁字尺可画水平线和配合三角板作图，一般可直接画平行线或用作三角板的支承物来画与直尺成各种角度的直线。丁字尺多用木料或塑料制成，有 600mm、900mm、1200mm 三种规格。

（6）游标卡尺

游标卡尺是一种测量长度、内外径、深度的量具。游标卡尺由主尺和附在主尺上能滑动的游标两部分构成。主尺一般以 mm 为单位，而游标上则有 10、20 或 50 个分格，根据分格的不同，游标卡尺可分为十分度游标卡尺、二十分度游标卡尺、五十分度游标卡尺，游标为 10 分度的有 9mm，20 分度的有 19mm，50 分度的有 49mm。游标卡尺的主尺和游标上有两副活动量爪，分别是内测量爪和外测量爪，内测量爪通常用来测量内径，外测量爪通常用来测量长度和外径。测量时，右手拿住尺身，大拇指移动游标，左手拿待测外径（或内径）的物体，使待测物位于外测量爪之间，当与量爪紧紧相贴时，即可读数。在模型制作中需要准确测量零件尺寸时，可用游标卡尺测量（图 2-14）。

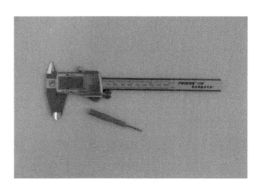

🌣 图 2-14　游标卡尺

（7）铅笔

铅笔用于绘制平面图或在各种不同的模型材料上画出形状或标记。

（8）曲线板

曲线板又称云形尺，是绘图工具之一，是一种内外均为曲线边缘的薄板，用来绘制曲率半径不同的非圆自由曲线。在模型制作中可以画出任意曲线。

（9）圆规

圆规可在材料上画出所需要的圆形或等分线。

4. 其他辅助工具

在模型制作过程中，为了使模型制作更加完善，除了以上介绍的材料外，还会使用以下一些辅助工具。

（1）台虎钳

台虎钳是用于夹持较大的工件，以便于加工的辅助工具。从结构上可分为固定式和回转式两种。回转式台虎钳使用方便，应用较广。

（2）手虎钳

手虎钳是用于夹持很小的工件，便于手持进行各种加工的手持工具，使用起来较方便。

（3）手锤

手锤是击打材料时的工具。

（4）电吹风机

电吹风机用于对塑料类板材进行加工焊接，电吹风机吹出的热风能使塑料软化定型；同时也用于材料上色后的吹干工作。

（5）镊子

镊子可用于夹取模型制作中一些细小的东西，能够比较精准地对体积比较精细的模型构件进行操控，提高模型制作的精致度。镊子也是制作模型小灯具经常使用的工具，常常用它夹持导线、元件及集成电路引脚等。不同的场合需要不同的镊子，一般需要准备直头、平头、弯头镊子各一把（图2-15）。

（6）切割垫板

在切割亚克力、KT板等材料时需要将切割垫板垫在桌面上，避免桌面被各种锋利的工具划伤，或者避免胶水和油漆污染桌面，切割垫板是模型制作必须配备的工具之一。切割垫板也可以保护刀片，延长刀片的使用寿命；切割垫板还可使切割便利，有些有经验的模型制作师甚至不用钢尺就可以在切割板上轻松切出直线（图2-16）。

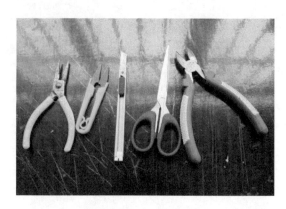

△ 图2-15　各类辅助工具

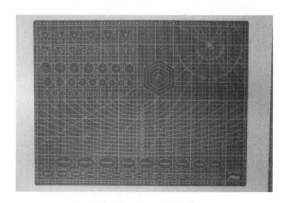

△ 图2-16　切割垫板

（7）注射器

注射器用来注射丙酮、白乳胶、三氯甲烷等液体溶剂，也可用于对有机玻璃、塑料等材料的粘贴。一般选择5mL的玻璃注射器（医用），针头选用5～7号（图2-17）。

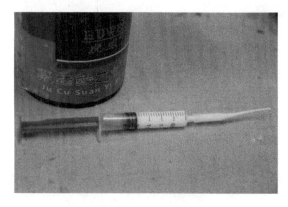

△ 图2-17　注射器

（8）砂纸

砂纸是制作模型的必备材料之一，用于打磨修整切割后不平的材料表面。砂纸分为干磨砂纸和耐水砂纸，干磨砂纸（木砂纸）用于磨光木、竹器表面，耐水砂纸（水砂纸）用于在水中或油中磨光金属或非金属工件表面。水砂纸适用于模型制作中的墙体打磨（图2-18），型号分为粗面型、细面型和修整型，粗面型有80、100、180、200、240、320号，细面型有400、600、800、1000号，修整型有1200、1500、2000、2500、3000号等。

图 2-18 打磨边沿

（9）锉

钢锉和锉刀一样大致可分为普通锉、特种锉和整形锉（什锦锉）三类，此外，锉是用钢制成的磨钢、铁、竹、木等的工具。普通锉按锉刀断面的形状又分为平锉、方锉、三角锉、半圆锉和圆锉五种。平锉用来锉平面、外圆面和凸弧面；圆锉用来锉圆孔、半径较小的凹弧面和椭圆面。锉便于处理零件的结合处，是模型制作中比较好用的工具。

（10）计算机雕刻机

计算机雕刻机是指用计算机控制的雕刻机，也叫计算机数控雕刻机。它能控制雕刻机雕刻板材（木材、石材、密度板等）。现在市场上计算机雕刻机种类颇多，占市场主流的计算机雕刻机包括木工雕刻机、广告雕刻机、石材雕刻机、圆柱雕刻机、激光雕刻机、激光切割机、激光打标机、玻璃雕刻机、金属雕刻机。在操作时首先把需要雕刻的设计图在设计软件中完成设计，选择刀具，自动计算路径（路径是指编程软件根据所选的刀具计算出的刀具运动轨迹），输出路径文件。再把输出的路径文件导入雕刻机控制软件，然后仿真运行，确定无误后就可以开始加工了（图2-19）。

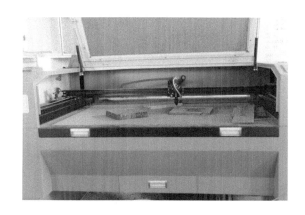

图 2-19 计算机雕刻机

2.3 模型制作实训室

室内模型制作的周期时间较长，需要配备有固定的实训室和相关设备。模型制作课不同于一般的专业课程，在授课过程中需要大量的模型工具材料和制作机器，所以需要有一个空间较宽敞的固定场地。模型制作的场地要求相当严格，主要有以下几点：

1）模型制作实训室空间要大，一般300m²的面积可容纳40多位学生同时操作。

2）模型制作实训室要有较好的采光、通风条件和完善的水电设施。

3）模型制作实训室要具备可收纳材料、工具的架子，以及可陈列模型作品的陈列架。

4）模型制作实训室要具备较大的操作台。

5）模型制作实训室要在入口显眼处设置安全警示牌，随时提醒操作人员注意安全。

6）模型制作实训室要配备专业的实训教师，学生在操作有关设备之前，必须经过专业教师的培训。

同时，模型制作加工的设备和工具，是发挥工艺技巧的重要保证。先进的工艺材料设备是提高现代室内艺术模型制作工作效率和质量的重要条件，工具的选择必须予以充分重视。

项目 2 室内模型制作方法与训练

模块 3 室内模型装饰设计方法

3.1 室内模型装饰设计草图方案的构思

在室内模型装饰设计实践中，室内模型是设计师表达设计效果的主要手段之一。设计师通常会根据设计方案将造型、色彩等装饰理念表现在室内模型制作中，因此，方案构思是室内模型装饰设计的第一步。

方案设计构思首先要通过草图的形式表现出来。设计草图，又称为设计手稿，是设计师在方案构思阶段，通过最简单的工具，徒手快速地表达自己的设计意图，并且经过反复修改，从一个模糊的想法逐渐变成清晰的形象，最终完成设计草图的定稿。在室内模型装饰设计制作中，绘制平面布置草图非常重要，是实现室内模型制作的第一步（图3-1）。

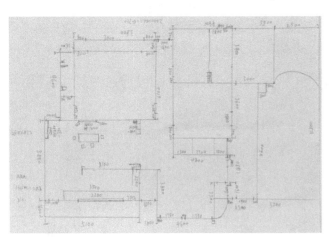

☉ 图3-1　手绘草图

3.2 室内平面图绘制

在画完室内方案构思草图之后，开始设计室内平面图。室内平面图是室内模型装饰设计的重要指导文件，它集中表现了空间的功能划分、布局、装饰等特点。所有的室内设计图都是以平面图为基础的，绘制平面图应突出设计意图，准确地传达设计者的设计思路。平面图绘制主要有手绘平面图和计算机绘图两种。通常手绘平面图表现更有利于充分发挥设计师的构思，室内平面图是制作室内模型的主要依据（图3-2）。

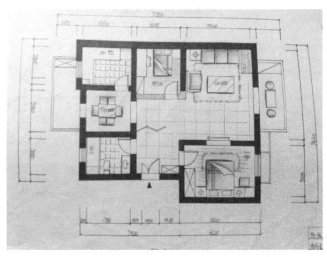

☉ 图3-2　手绘平面图

为了提高工作效率，设计师大多会使用计算机绘图软件绘制平面图。计算机绘图软件如Auto CAD可以用准确的线，快速地将手绘草图转化为符合绘图标准的平面图。应用Auto CAD绘制的图稿可以精确地表现尺寸、地面铺设、室内色彩等。一张好的平面图不仅要达到一定的精确度，而且要能准确地表达出设计理念（图3-3）。

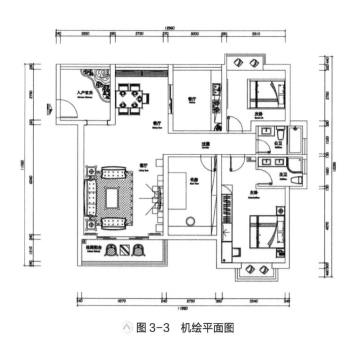

图 3-3 机绘平面图

图 3-4 黑白灰渐变环

3.3 室内模型的色彩设计配置方法

色彩是表现室内模型整体装饰效果的重要因素，掌握色彩的运用，学习室内模型的色彩设计配置方法及表现技巧是非常重要的。模型制作设计者可以通过色彩的搭配艺术性地表现室内环境的整体效果。模型的色彩配置与模型设计制作的成功与否有着密切的关系，同时也影响着模型整体的风格样式。在模型的制作中，通过对色彩设计配置方法的了解与应用，可以准确地将室内设计的风格样式表现在模型制作工艺之中。

1. 色彩的基础理论

色彩一般分为无彩色和有彩色两大类。无彩色是指白、灰、黑等不带颜色的色彩，即反射白光的色彩，图 3-4 为纯黑色逐渐加白，由黑、深灰、中灰、浅灰渐变到纯白，共有 11 个阶梯明度渐变。

在室内模型装饰设计配色中，当室内任何两色发生矛盾冲突时，设计师可用无彩色来使之达到互补调和的效果。例如，当遇到蓝色和橙色这两种颜色较纯的配色时，为了降低其纯度，可将黄色 + 橙色 + 白色或加黑色调成浅灰蓝色或深灰蓝色，可起到互补、缓冲、调和的作用。

有彩色是指红、黄、蓝、绿等带有颜色的色彩，如图 3-5 中的色彩。下面介绍几点色彩基本理论知识：

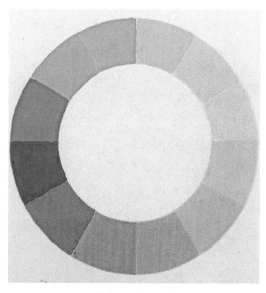

图 3-5 色环

（1）色彩的三要素

色相 色相是指色彩的相貌，也就是色彩最显著的特征。如赤、橙、黄、绿、青、蓝、紫等，它们之间的差别称为色相差别。在色相环上对比度最高的三对色彩为：红和绿、橙和蓝、黄和紫，如图 3-5 所示。

明度 明度是指色彩本身的明暗深浅程度，也称亮度或深浅度。纯色中一旦加入白色，则明度提升；加入黑色，则明度下降。纯色中柠檬黄明度最高，蓝、紫明度最低。

纯度 纯度又称色彩的饱和度，也称色彩的灰度或鲜艳度，是指色彩本身的纯净程度。纯色中一旦加入灰色或其他颜色，其纯度必然降低。

（2）原色

原色　是指无法用其他颜色混合得到的颜色。原色只有三种：红、黄、蓝，印刷中三原色是红、黄、青，是构成其他颜色的母色。原色不能由其他颜色调出却可以调配出其他任何颜色（图3-6）。

⚠ 图3-6　三原色

（3）间色

三原色中任何两种颜色混合产生的颜色称为间色，又称第二色。间色也是三种：橙、绿、紫。

（4）补色和对比色

补色　在色环上，相对的两种颜色（即在同一条直径上的两种颜色）为一组补色，如：红和绿、橙和蓝、黄和紫都是补色。补色的对比十分强烈，视觉上给人不和谐的感觉。补色的组合可以使人感觉红的更红，绿的更绿，虽然不和谐，但如果运用得当，也可以很漂亮，给人视觉冲击力很强；如果运用不好，就会给人俗气、刺眼的感觉。

对比色　如与指定的某色，依色环度大约成108°～144°之间的相对，在此范围内的所有色相称为对比色系。

（5）同类色和邻近色

同类色　同类色是指色素比较相近的不同颜色，如：大红、朱红、玫瑰红、深红等颜色。

邻近色　邻近色是指在色环上相邻的各种颜色，如：黄绿、黄、橙黄、橙等颜色。

2. 室内模型的色彩设计

在进行室内模型的色彩设计之前，应先掌握室内模型空间的大小、户型空间的方位、整体装饰风格、模拟居住者的类别和基本的配色技巧。掌握色彩的色相和色调关系有利于室内色彩配色的展开。不同方位在自然光线作用下的色彩是不同的，冷暖感也有差别，

老人、小孩、男、女等不同人对色彩的要求有很大的区别，色彩设计应考虑模拟居住者的爱好。

室内色彩的配色问题是制作室内模型的关键，室内物件的品种、材料、质地、形式和彼此在空间内层次的多样性和复杂性需要室内色彩的统一，孤立的颜色无所谓美或不美。室内色彩效果取决于不同颜色之间的相互关系，同一颜色在不同的背景条件下，其色彩效果可以迥然不同，这是色彩所特有的敏感性和依存性。因此，如何处理好色彩之间的协调关系，是室内模型制作的关键问题。

（1）室内背景色彩

室内背景色彩是指地面、墙面、客厅背景墙、床铺背景等的颜色，占的面积较大，起到衬托室内所有物件的作用。背景色是室内色彩设计中的主体部分。一般来讲，室内背景色适宜用白色、浅色、浅灰色、浅粉色等浅色调，易于与其他色调协调，切忌大红、大黄、大紫等纯色用在地面和墙体(图3-7～图3-13)。

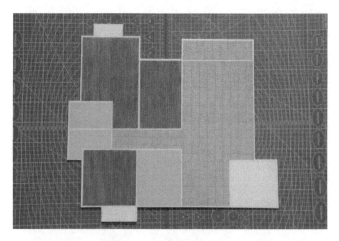

⚠ 图3-7　室内模型地板色彩

⚠ 图3-8　室内模型书房背景墙色彩

⚠ 图 3-9　室内模型客厅背景墙色彩

⚠ 图 3-13　室内模型电视背景墙色彩

⚠ 图 3-10　室内模型书房背景墙色彩

（2）室内家具色彩

各类不同材料、不同品种、不同风格的各式家具，如沙发、酒吧柜、橱柜、衣橱、梳妆台、床、桌、椅等家具的色彩也是室内陈设的主体部分之一，同时也是表现室内整体装饰风格的重要因素，室内家具色彩和背景色彩是控制室内总体效果的主体色彩（图 3-14 ～图 3-19）。

⚠ 图 3-11　室内模型床铺背景色彩

⚠ 图 3-14　室内模型家具色彩 1

⚠ 图 3-12　室内模型卧室床铺大背景色彩

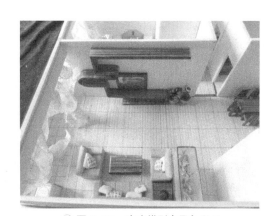

⚠ 图 3-15　室内模型家具色彩 2

图3-16　室内模型家具色彩3

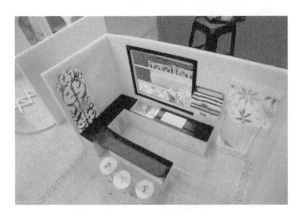

图3-17　室内模型吧台色彩1

图3-18　室内模型吧台色彩2

图3-19　室内模型吧台色彩3

（3）室内织物色彩

室内织物包括窗帘、地毯、布艺沙发、床罩、台布、坐垫、抱枕等。室内织物的图案、材料、质感、色彩在室内模型制作中起到装饰主体的作用，织物也可用于背景装饰，起到烘托整体气氛的作用（图3-20～图3-23）。

图3-20　模型布艺沙发色彩1

图3-21　模型布艺沙发色彩2

图3-22　模型布艺床垫色彩

图 3-23 模型布艺屏风

图 3-26 室内陈设色彩 3

（4）室内陈设色彩

室内陈设色彩是室内配色重点点缀色彩，室内陈设如绘画雕塑、灯具、日用器皿、工艺品、花瓶等，通常可起到画龙点睛的装饰作用（图 3-24～图 3-26）。

（5）室内绿化色彩

在室内模型制作中，盆景、花篮、插花、植物等室内绿化有不同的色彩情调，和室内其他色彩容易协调，对丰富空间环境有着特殊的装饰作用（图 3-27～图 3-29）。

图 3-24 室内陈设色彩 1

图 3-27 室内模型绿化色彩 1

图 3-25 室内陈设色彩 2

图 3-28 室内模型绿化色彩 2

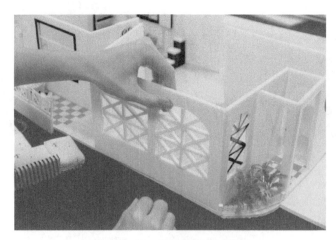

图 3-29　室内模型绿化色彩 3

3. 室内模型的色彩配置原则

在室内模型色彩配置时需要统一组织各种色彩的色相、明度和纯度。和谐的室内环境色调一定是根据色彩的秩序来组织各种色块的结果。这些色彩秩序要遵循统一性原则、连续性原则和对比性原则。

（1）统一性原则

统一性原则就是使组成色调的各种颜色或具有相同的色相，或具有相同的纯度，或具有相同的明度。在模型制作中，以相同的色彩来组织室内环境色调的方法用得较多。

（2）连续性原则

色彩的明度、纯度或色相依照光谱的顺序形成连续的变化关系，根据这种变化关系选配室内的色彩，即连续的配色方法。采用这种方法，可达到在统一中求变化的目的。

（3）对比性原则

为了突出重点或打破沉郁的气氛，可以在室内空间的局部上运用与整体色调相对比的颜色。实际运用中，突出色彩在明度上的对比易于获得更好的效果。但这种对比色彩不要超过三对以上，否则会显得乱而杂，破坏室内的整体色彩气氛。

在配置室内模型色彩的全过程中，上述的三个原则构成了三个步骤。统一性原则是色彩配置的起点，根据这一原则，确定室内环境色调的基本色相、纯度和明度。连续性原则应用于室内模型制作的色彩设计

配置中，确定几种主要颜色的对应关系。对比性原则主要体现在室内颜色配色设计的点睛之处，营造室内环境色彩的情调。

4. 室内模型的色彩表现方法

室内模型制作的色彩主要依靠各种不同的材质来表现。

（1）马克笔上色表现技法

马克笔上色技法能快速、简便地表现设计意图及色彩关系。马克笔的种类主要有水溶性马克笔、油性马克笔和酒精性马克笔。它的笔头较宽，笔尖可画细线，斜画可画粗线，类似于美工笔用法，通过线、面结合可达到理想的上色效果。

下面介绍一下马克笔应用在室内模型制作中的表现方法。

① 马克笔技法应用于室内模型地板的上色

浅灰色、鹅黄色、浅咖色、浅蓝色等浅色的马克笔快速平涂在 KT 板上会形成类似金刚板一样较浅的木质肌理效果，很适合用来表现地板。马克笔技法的用笔特点是要快，画在 KT 板上要更快，借助直尺，马克笔可以又快又准确地画出直线木纹的肌理，适合表现金刚板、木地板的材质。用马克笔在 KT 板画的时候要注意用宽的笔头画，要顺着方向由上向下画粗线，切忌来回涂抹。由于 KT 板不吸水，所以画的时候要轻要快。先用有色马克笔画一遍，等干后再用透明的浅灰色轻轻地通涂一遍，颜色就会显得饱和自然（图 3-30 ～图 3-34）。

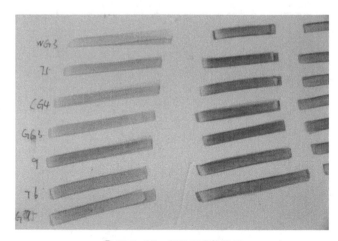

图 3-30　暖色马克笔色号

图 3-31　暖色马克笔绘制在 KT 板上的效果（一次上色）

② 马克笔技法应用于室内模型家具、背景墙、木质门套和窗套的上色

土黄色、咖啡色、土红色、褐色等深色的马克笔可用于表现木质家具、门套等木质效果的上色。上色技法跟画地板一样需要两次上色（图 3-35 ～图 3-51）。

图 3-32　暖色马克笔绘制在 KT 板上的效果（二次上色）

图 3-35　木质家具效果的上色 1

图 3-33　暖色马克笔绘制在 KT 板上的效果（二次上色以后全景）

图 3-36　木质家具效果的上色 2

图 3-34　马克笔技法——木质地板效果的上色

图 3-37　木质家具效果的上色 3

⚠ 图 3-38　木质家具效果的上色 4

⚠ 图 3-42　木质家具效果的上色 8

⚠ 图 3-39　木质家具效果的上色 5

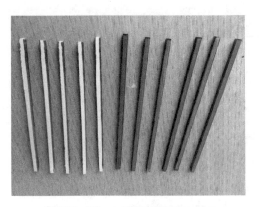

⚠ 图 3-43　木质家具效果的上色 9

⚠ 图 3-40　木质家具效果的上色 6

⚠ 图 3-44　木质家具效果的上色 10

⚠ 图 3-41　木质家具效果的上色 7

⚠ 图 3-45　木质家具效果的上色 11

⚠ 图 3-46　木质家具效果的上色 12

⚠ 图 3-47　木质家具效果的上色 13

⚠ 图 3-48　木质家具效果的上色 14

⚠ 图 3-49　木质家具效果的上色 15

⚠ 图 3-50　地中海风格窗户效果的上色 1

⚠ 图 3-51　地中海风格窗户效果的上色 2

（2）丙烯上色表现技法

丙烯颜料可用水稀释，不需要用松节油等稀释剂调配颜色。用后直接用水清洗绘制工具。上色过程的干燥速度比油画颜料、水粉水彩颜料、喷漆等更快，在上色过程中颜料在落笔后几分钟即可干燥。丙烯颜料的颜色较水粉颜料更加饱满、鲜艳，易溶于水，在调配过程中不易产生脏颜色，上色到 KT 板后会迅速干透并失去可溶性，形成类似于不渗水的漆膜一样的保护膜，所以一般不会掉色。丙烯颜料形成的胶膜较有利于室内模型作品的长期保存。

① 丙烯上色技法应用于室内模型墙体

在 KT 板材质的室内模型制作中，有时候需要在白色墙体上上色，如浅黄色、浅灰色、浅米色等。在 KT 板上上丙烯颜料时要注意平涂，涂色一遍后需要晾干再涂一遍，一般涂两遍后效果会更均匀。在白墙上上色要求墙面平整无笔痕，笔刷上的颜料一次不能太多，颜色调配不能太稀也不能太稠，涂色的时候用笔要平要轻，要尽量往一个方向涂刷，注意不要来回涂（图 3-52、图 3-53）。

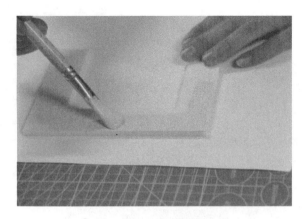

⚅ 图 3-52　电视背景墙的上色

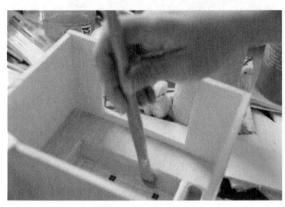

⚅ 图 3-53　橱柜的上色

②丙烯上色技法应用于室内模型地板瓷砖

在制作 KT 材质的模型瓷砖时，应采用室内设计"地板浅家具深"的原则来设计色彩，一般需要用丙烯颜料调配浅蓝色、浅灰色、浅米色等浅色来绘制地板瓷砖。为了画出瓷砖的效果，可在上色完全干透以后按比例画上瓷砖的细格子线，注意格子线的颜色一般不要太鲜艳，以黑灰或与瓷砖接近的颜色为主，如图 3-54 所示。

⚅ 图 3-54　地板的上色

③丙烯上色技法应用于室内模型门套和窗套

在模型门套上色时，一定要根据模型的室内装饰风格来设计色彩。如果是现代简约风格的室内模型，门套一般上浅黄色的类似木质质感的颜色；如果是中式古典风格的室内模型，门套一般上土红、暗红、深红、褐色的类似红木、胡桃木色的颜色。窗套和阳台栏杆一般上浅灰色、银灰色等中间色（图 3-55 ～图 3-57）。

⚅ 图 3-55　窗套的上色

⚅ 图 3-56　栏杆的上色

⚅ 图 3-57　阳台栏杆的上色效果

④丙烯上色技法应用于室内家具

丙烯颜料可以根据室内风格颜色的需要调配出各种与室内调和的颜色，丙烯颜料既可以涂到 KT 板材质的模型家具上，也可以根据需要的颜色调到 PV 材质的模型家具上。例如，当制作者需要一张胡桃木颜色的双人床模型时，一般 PV 材质的成形模型都是白色的，这时可以用丙烯颜料褐色加赭石色加黑色调配出胡桃木的颜色，上到白色的 PV 材质的模型上。注意上色的时候要 360°全方位涂色，只有把颜色涂得均匀，模型效果才会逼真。总之，丙烯颜料需要调配后才可使用，除了黑、白、灰三色，一般不可直接将某种颜色未经调色直接上到模型上。在调色、上色过程中，先要在草稿纸上试一下颜色，看看是否与模型搭配，然后再涂到模型上。丙烯颜料需要用笔刷到模型上，笔刷一般会把痕迹留到模型上，所以不适合大面积上色，如果是比较大型的模型的墙体绘制，颜色调配均匀后，建议用滚筒上色。丙烯颜料上色技法适合室内一些小面积的涂饰，可适当起到画龙点睛的巧妙装饰（图 3-58～图 3-60）。

🖎 图 3-60　室内家具的上色 3

（3）室内模型的喷漆上色表现技法

室内模型的喷漆上色技法比丙烯上色法要简单一点。模型制作者开始喷漆时，首先应根据需要的颜色，在小块板上试喷一下颜色效果，然后再喷到家具上面。一般要喷两遍才能喷均匀，根据需要先喷一遍深色，然后再喷一遍浅色就可以喷出渐变色的效果（图 3-61～图 3-64）。注意，在使用喷漆之前一定要戴上口罩，在模型下面铺上报纸以防弄污地板，同时注意，不要喷到皮肤。

🖎 图 3-58　室内家具的上色 1

🖎 图 3-61　先喷小板

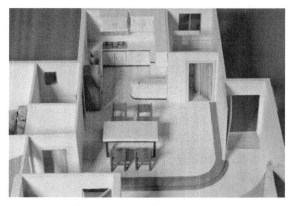

🖎 图 3-59　室内家具的上色 2

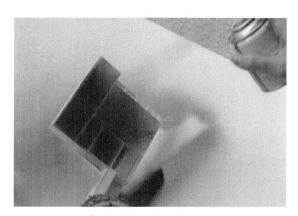

🖎 图 3-62　先喷一遍深色

图 3-63　再喷一遍浅色

图 3-64　梳妆台及衣橱效果

模块 4　以 KT 板为主材的室内模型装饰设计与制作实践

4.1　室内模型制作方案构思

好的开始是成功的一半，在动手之前，首先要将主题方案确定下来，然后再设计制作方案。为了达到预期的目的，选择合适的工具材料至关重要。根据室内装饰的风格特点和空间布局，选择主体材料以 KT 板为主材，布料、丙烯等材料搭配的方式，见表 4-1。

表 4-1　室内模型制作方案

主题方案	现代简约装饰风格	
课题分析	设计室内平面图纸，校正图纸后按比例缩放	
模型比例	1:25	
模型规格	48cmX52cm	
模型选用工具、材料	模型胶、酒精胶、镊子、铅笔、美工刀、钩刀、砂纸、丁字尺、油性笔、双面胶、KT 板、1mm 厚亚克力、透明亮面塑胶、马克笔、白乳胶、大头针、尺子、电吹风、丙烯、水粉笔、针线、墙纸若干、布料	
整体调整	模型做好后，必须根据平面图进行整体调整，如发现有比例不协调的地方要及时调整，最后将灰尘、碎料等清理干净	
进度要求	8 课时	设计平面图，确定室内装饰风格，上网购买材料工具
	10 课时	制作墙体、底盘、门窗、室外景观
	12 课时	室内陈设制作：客厅电视墙、电视柜、沙发、茶几、橱柜、餐桌、椅子、书桌和床等主要家具
	12 课时	装饰品制作：抱枕、被子、枕头、花瓶、电视、装饰画、灯饰、洗刷盆等，最后制作模型保护

4.2　以 KT 板为主材的室内模型制作步骤详解

1. 地面、墙体、门窗的制作

首先用 CAD 画出平面图并标出墙体尺寸，并根据模型所需的大小比例算出相应的尺寸，如图 4-1 所示。本套方案是 1:25 的比例，把平面图上标注的原始尺寸除以 25 就得出缩放后的尺寸。算好尺寸后直接用铅笔在 KT 板上画出平面图。画时落笔要轻，铅笔痕迹要浅，只要制作者自己能够看清即可。画图时手肘部位尽量提起来，避免弄脏 KT 板，画好后用橡皮擦将多余的线条擦干净。

图 4-1　平面图

地面、墙体、门窗的制作过程如图 4-2 ～图 4-81 所示。

图 4-2 用丁字尺和铅笔在 KT 板上画出平面图

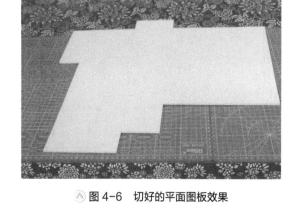

图 4-6 切好的平面图板效果

图 4-3 用美工刀和丁字尺切割

图 4-7 用铅笔在 KT 板两边标记好墙体的高度

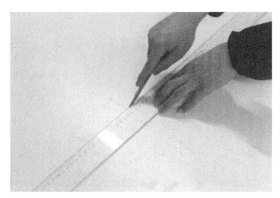

图 4-4 切割出画好的平面图

图 4-8 将丁字尺对准记号切割

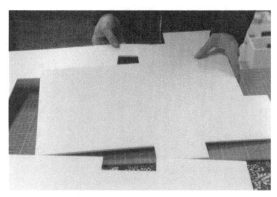

图 4-5 轻轻将板块分离

图 4-9 切到一半时用力按住尺子以免切歪

图 4-10 将切好的墙板对应平面图墙体的长度做记号

图 4-14 轻轻掰开第一道切痕

图 4-11 画出墙角的折角处

图 4-15 再掰开第二道切痕

图 4-12 切割墙体的折角处

图 4-16 对折后将中间的板块切除

图 4-13 切割时只切一半不要切到底

图 4-17 切割时保持平直

⚠ 图 4-18　切好后轻轻取出

⚠ 图 4-22　边角处应用力往下按

⚠ 图 4-19　切割完成的墙体折角

⚠ 图 4-23　切割完成

⚠ 图 4-20　测量好窗户尺寸并画出来

⚠ 图 4-24　将切割好的窗户取出

⚠ 图 4-21　沿着铅笔画的直线切割

⚠ 图 4-25　取出后的窗户

图 4-26　用手指轻轻往上顶将切除的板块取出

图 4-30　将切割好的窗户对半切开

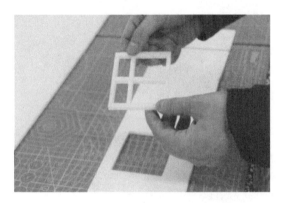

图 4-27　切割完成的窗户

图 4-31　切成两半的窗户

图 4-28　用同样的方法切割出推拉门

图 4-32　对应亚克力板剪出相应大小

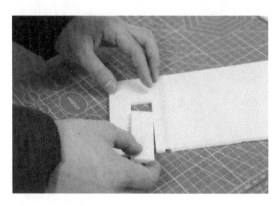

图 4-29　切割出的门洞

图 4-33　在窗户一面抹上白乳胶

图 4-34　将亚克力板贴上

图 4-38　上色时来回涂抹

图 4-35　另一面也抹上白乳胶后贴上

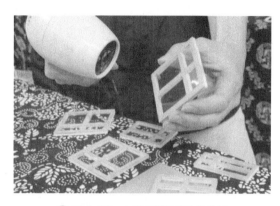

图 4-39　上完色后用电吹风吹干

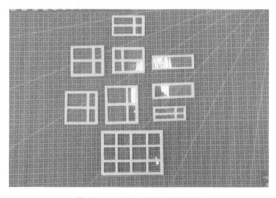

图 4-36　粘贴好的门窗

图 4-40　用镊子清理涂在亚克力板上的水彩颜料

图 4-37　给门窗涂上一层浅灰色水彩颜料

图 4-41　门窗最终效果

⚒ 图 4-42   用马克笔在卧室位置画出木地板

⚒ 图 4-46   用黑笔画出客厅、餐厅的瓷砖

⚒ 图 4-43   沿着尺子画直线

⚒ 图 4-47   地面的最终效果

⚒ 图 4-44   画出的直线尽量不要重叠在一起

⚒ 图 4-48   用空芯油性笔画出卫生间墙面瓷砖纹理

⚒ 图 4-45   画好后的木地板

⚒ 图 4-49   用尺子准确测量

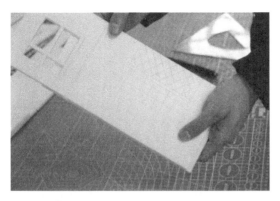

图 4-50　墙面瓷砖纹理最终效果

图 4-54　选出两种马克笔并试一下颜色

图 4-51　用同样的方法画出客厅、餐厅墙裙纹理

图 4-55　先用较浅的颜色画出木饰面

图 4-52　用马克笔画出踢脚线

图 4-56　再用较深的颜色画一遍

图 4-53　踢脚线最终效果

图 4-57　可以多画几遍画出想要的效果

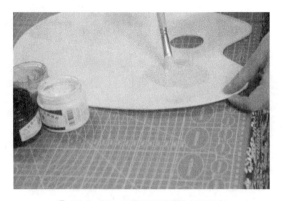

⚠ 图 4-58   用丙烯颜料调出米黄色

⚠ 图 4-59   平涂出墙面颜色

⚠ 图 4-60   上完色的效果

⚠ 图 4-61   用同样的方法调出相应区域的颜色并上色

⚠ 图 4-62   完成的木饰面和踢脚线效果

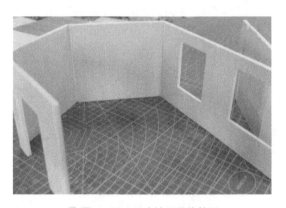

⚠ 图 4-63   厨房墙面最终效果

⚠ 图 4-64   卫生间墙面最终效果

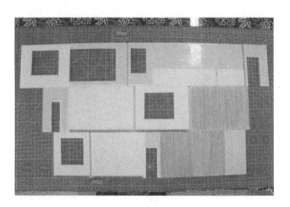

⚠ 图 4-65   客厅、餐厅墙面最终效果

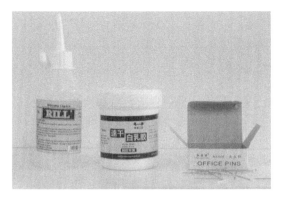

△ 图 4-66   准备好酒精胶、白乳胶以及大头针

△ 图 4-70   将墙体与地面拼接

△ 图 4-67   在墙体折角处涂上酒精胶

△ 图 4-71   在底下扎上大头针固定

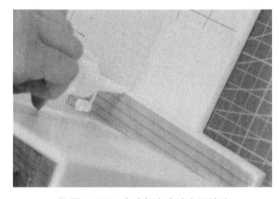

△ 图 4-68   在底板上也涂上酒精胶

△ 图 4-72   拼接时扶住片刻待酒精胶完全粘牢后松开

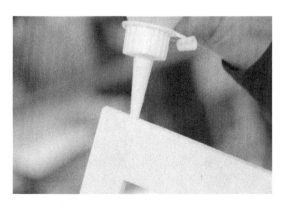

△ 图 4-69   墙体边缘也涂上酒精胶

△ 图 4-73   地面中心位置也扎上大头针

图 4-74　墙体边缘涂上酒精胶

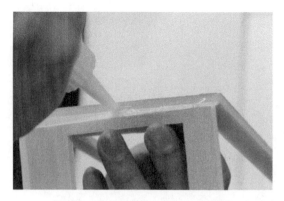

图 4-78　折角处应多涂一些酒精胶

图 4-75　折角处用手扶住固定片刻

图 4-79　检查粘好的墙体是否牢固

图 4-76　拼接完成一半时的效果

图 4-80　保持墙体垂直

图 4-77　为保证墙体粘贴精准可以轻轻平移

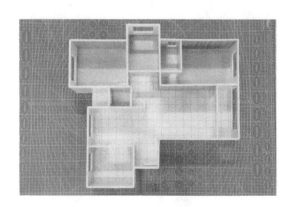

图 4-81　墙体拼接最终效果

2. 茶几的制作（图 4-82～图 4-89）

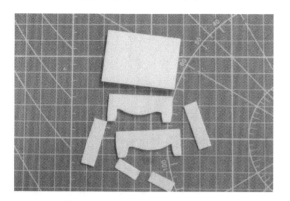

⚘ 图 4-82 切割出茶几所需板块

⚘ 图 4-86 剪一小块碎布用美工刀将边缘剔除

⚘ 图 4-83 把桌面四角切除

⚘ 图 4-87 将碎布放置于茶几正中间

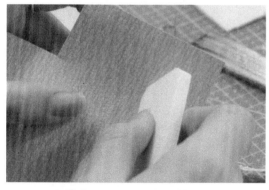

⚘ 图 4-84 用砂纸打磨平滑

⚘ 图 4-88 涂上酒精胶后贴上亚克力板

⚘ 图 4-85 用酒精胶粘贴

⚘ 图 4-89 茶几最终效果

3. 电视柜的制作（图4-90～图4-101）

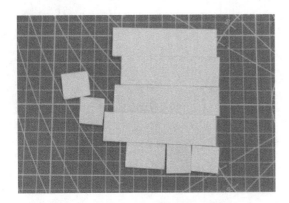

图4-90 切割出电视柜所需板块

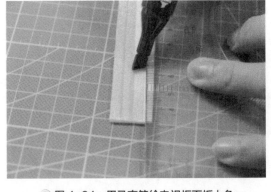

图4-94 用马克笔给电视柜面板上色

图4-91 画出电视柜柜门

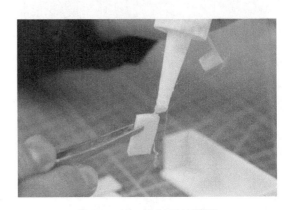

图4-95 涂上酒精胶拼贴

图4-92 切割出柜门

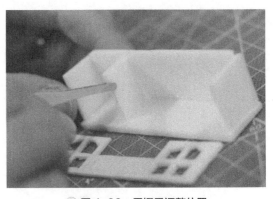

图4-96 用镊子调整位置

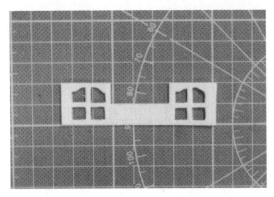

图4-93 切割完成

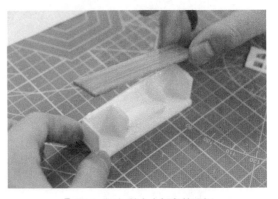

图4-97 盖上上好色的面板

4. 电视机的制作（图 4-102～图 4-111）

⚠ 图 4-98　剪出柜门对应大小的亚克力板

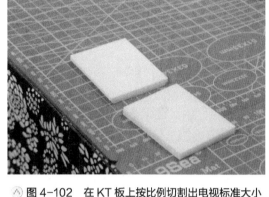

⚠ 图 4-102　在 KT 板上按比例切割出电视标准大小

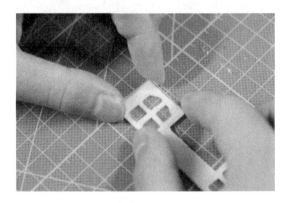

⚠ 图 4-99　涂上酒精胶后贴上亚克力板

⚠ 图 4-103　对半切开

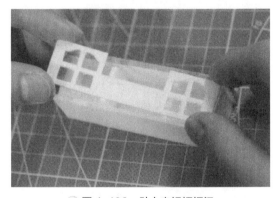

⚠ 图 4-100　贴上电视柜柜门

⚠ 图 4-104　剪出对应大小的黑色贴纸

⚠ 图 4-101　电视柜最终效果

⚠ 图 4-105　切割出四个对角

图 4-106　切割完成

图 4-107　平整翻折粘贴

图 4-108　剪出对应大小的亚克力板

图 4-109　在四个边角滴上酒精胶

图 4-110　贴上亚克力板

图 4-111　电视机最终效果

5. 沙发的制作（图 4-112 ～图 4-129）

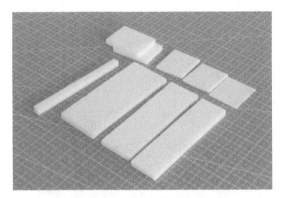

图 4-112　切割出沙发所需板块

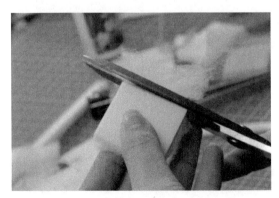

图 4-113　剪出坐垫相应大小的棉花

图 4-114 剪出能包裹整个坐垫的碎布块

图 4-118 边缘翻折粘牢

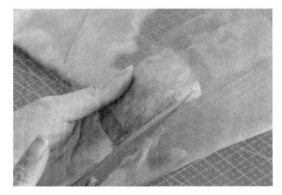

图 4-115 剪出和碎布同样大小的纱布

图 4-119 坐垫粘贴完成

图 4-116 坐垫板块涂上酒精胶

图 4-120 继续在底部涂上酒精胶

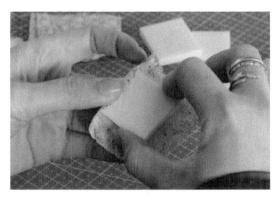

图 4-117 棉花放置于坐垫板块底部

图 4-121 同样将边缘翻折后粘牢

图 4-122　待一边粘住后继续翻折另一边

图 4-126　贴上沙发坐垫

图 4-123　两边都翻折后用双手按住

图 4-127　剪掉坐垫边缘对角的多余部分

图 4-124　坐垫最终效果

图 4-128　贴上沙发扶手

图 4-125　用同样的方法做出沙发靠背

图 4-129　沙发最终效果

6. 鞋柜的制作（图 4-130 ～图 4-145 ）

⚠ 图 4-130 切割出鞋柜板块将其对半切开

⚠ 图 4-134 切割和上色完的板块

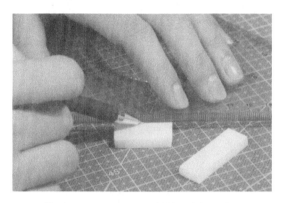

⚠ 图 4-131 用空芯油性笔画出柜门纹理

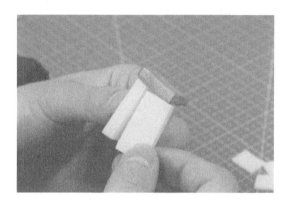

⚠ 图 4-135 用酒精胶拼贴

⚠ 图 4-132 用马克笔给鞋柜顶面板上色

⚠ 图 4-136 贴上坐垫面板

⚠ 图 4-133 连续涂两遍让颜色更深一些

⚠ 图 4-137 鞋柜拼贴完成

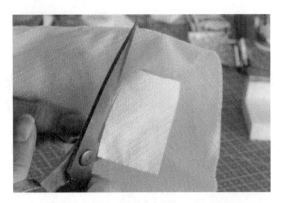

图 4-138   剪出坐垫所需大小的布块

图 4-142   将两边翻折粘贴

图 4-139   剪好的棉花和碎布块

图 4-143   用镊子将边角处翻折粘牢

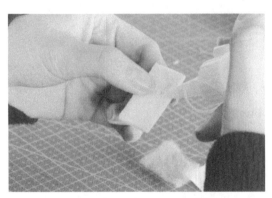

图 4-140   在底板涂上酒精胶

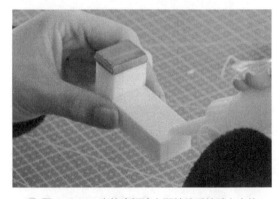

图 4-144   坐垫底板涂上酒精胶后粘贴上坐垫

图 4-141   与棉花对齐贴上

图 4-145   鞋柜最终效果

7. 矮柜的制作（图 4-146 ～图 4-159）

◎ 图 4-146　切割出相应尺寸的板

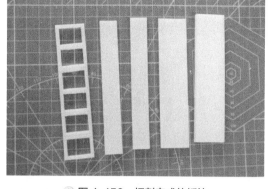

◎ 图 4-150　切割完成的板块

◎ 图 4-147　将已经切割出相应尺寸的 KT 板对半切开

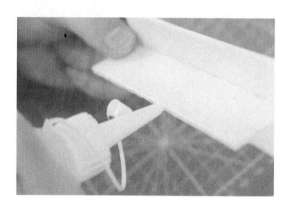

◎ 图 4-151　涂上酒精胶

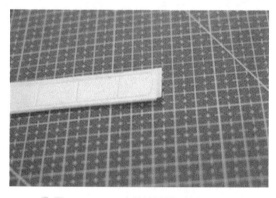

◎ 图 4-148　用空芯油性笔画出柜门纹理

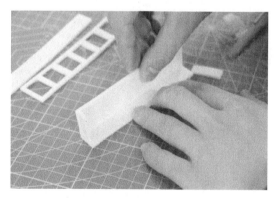

◎ 图 4-152　调整位置保持垂直

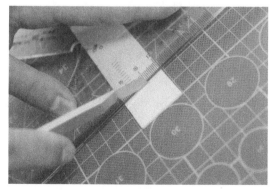

◎ 图 4-149　沿着纹理切割出柜门

◎ 图 4-153　用马克笔连续涂两遍让颜色更深一些

图 4-154　边缘涂一遍

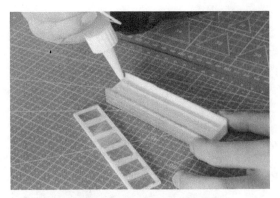

图 4-158　柜体也涂上酒精胶

图 4-155　涂完后与柜体粘接

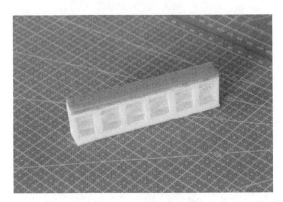

图 4-159　矮柜最终效果

8. 餐椅的制作（图 4-160 ～图 4-171）

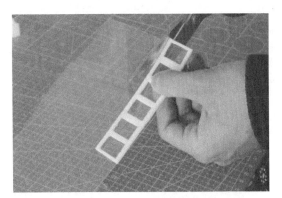

图 4-156　剪出与柜门相同大小的亚克力板

图 4-160　按图纸比例切割出椅脚

图 4-157　柜门背面涂上酒精胶

图 4-161　切割出椅座和椅背

△ 图 4-162　对半切开

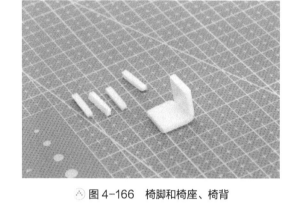

△ 图 4-166　椅脚和椅座、椅背

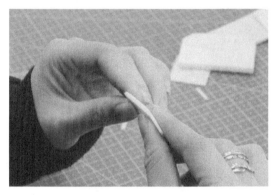

△ 图 4-163　切割完成

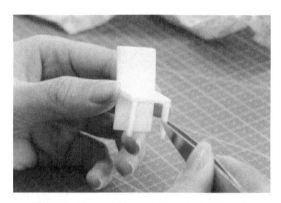

△ 图 4-167　涂上酒精胶后用镊子将椅脚粘上

△ 图 4-164　涂上酒精胶

△ 图 4-168　拼接完成

△ 图 4-165　粘贴椅座和椅背

△ 图 4-169　椅座和椅背粘上布块

⚘ 图 4-170　剪去多余部分

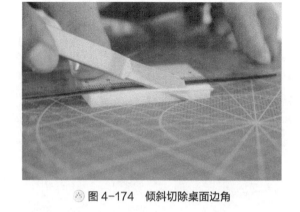

⚘ 图 4-174　倾斜切除桌面边角

⚘ 图 4-171　餐椅最终效果

⚘ 图 4-175　切完后效果

9. 餐桌的制作（图 4-172～图 4-181）

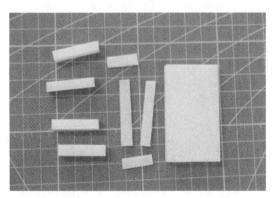

⚘ 图 4-172　切割出相应尺寸的餐桌板块

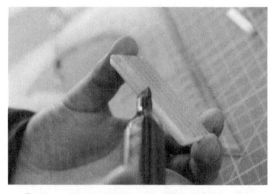

⚘ 图 4-176　用接近棕色木纹的马克笔涂上颜色

⚘ 图 4-173　切割出带弧度的桌边

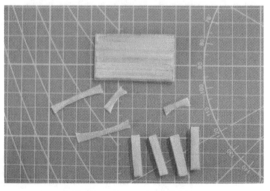

⚘ 图 4-177　上色后效果

10. 厨房吊柜的制作（图 4-182～图 4-191）

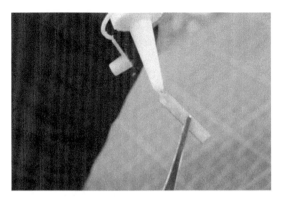

⚠ 图 4-178　桌脚涂上酒精胶

⚠ 图 4-182　对半切开厨房吊柜的板块

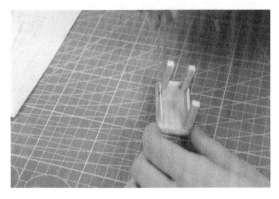

⚠ 图 4-179　用镊子粘接

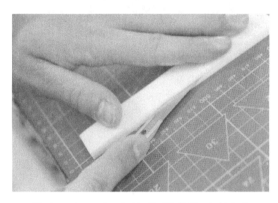

⚠ 图 4-183　切到尾部将手指放置于板块上方

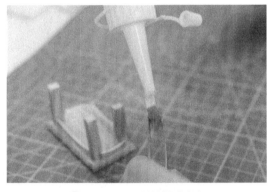

⚠ 图 4-180　继续粘贴桌脚

⚠ 图 4-184　画出柜门纹理

⚠ 图 4-181　餐桌最终效果

⚠ 图 4-185　切割完成的吊柜板块

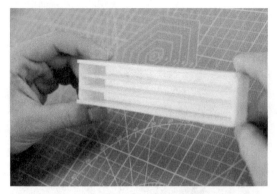

图 4-186　用酒精胶拼贴

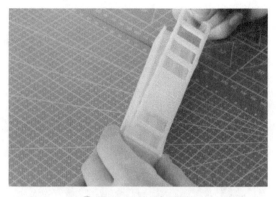

图 4-190　贴上柜门

图 4-187　切割出柜门

图 4-191　厨房吊柜最终效果

11. 灶台橱柜的制作（图 4-192～图 4-205）

图 4-188　剪出相应大小的亚克力板

图 4-192　在 KT 板上画出 L 形灶台

图 4-189　涂上酒精胶

图 4-193　用美工刀沿着线切割

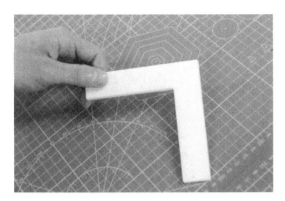

图 4-194　切割完成的灶台

图 4-198　灶台橱柜半成品

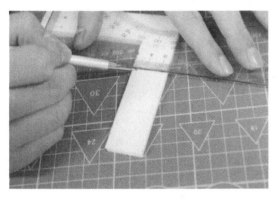

图 4-195　画出水槽部分

图 4-199　对半切割出水槽

图 4-196　切割完成的水槽

图 4-200　背面轻轻割一刀用于翻折

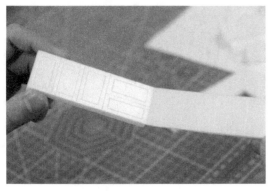

图 4-197　用空芯油性笔画出橱柜门纹理

图 4-201　涂上酒精胶

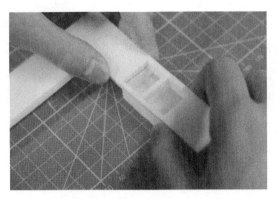

⊛ 图 4-202　与灶台粘接

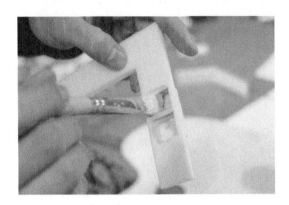

⊛ 图 4-203　涂上浅灰色丙烯颜料

⊛ 图 4-204　水槽上色后效果

⊛ 图 4-205　灶台上色后最终效果

12. 卧室床的制作（图 4-206 ～图 4-249）

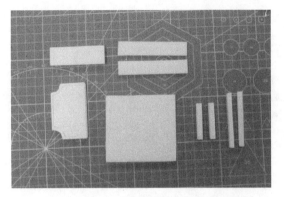

⊛ 图 4-206　按尺寸切割出床体所需板块

⊛ 图 4-207　用酒精胶进行粘接

⊛ 图 4-208　双手按住两边进行固定

⊛ 图 4-209　剪出与床板相应大小的棉花垫

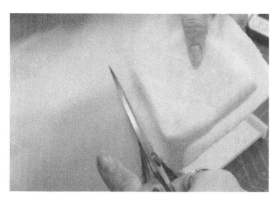

⚠ 图 4-210　同样剪出相应大小的布块

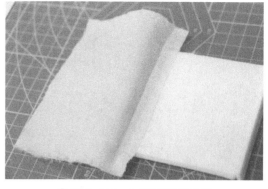

⚠ 图 4-214　布块翻折后的效果

⚠ 图 4-211　在床板上涂酒精胶

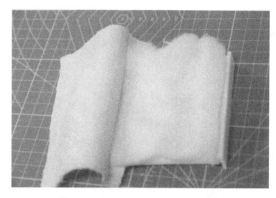

⚠ 图 4-215　在床板上铺上棉花垫

⚠ 图 4-212　将布块一边粘住

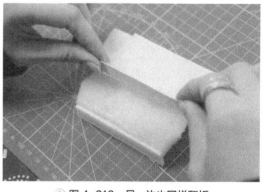

⚠ 图 4-216　另一边也同样翻折

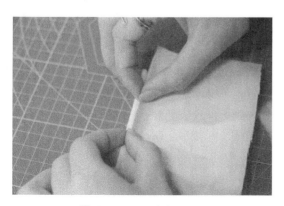

⚠ 图 4-213　将布块翻折

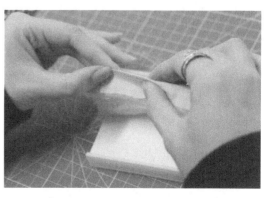

⚠ 图 4-217　将棉花垫与翻折处相接

图 4-218　在床板上涂酒精胶

图 4-222　将床单翻折

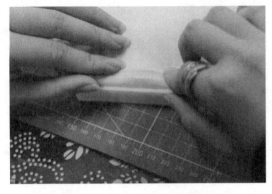

图 4-219　涂完后平整粘贴

图 4-223　平整粘贴边缘

图 4-220　两边粘完后的效果

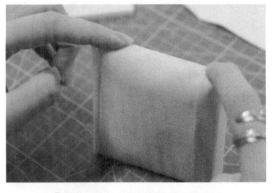

图 4-224　用手指按住固定片刻

图 4-221　另外两边底部同样涂上酒精胶

图 4-225　床体粘完后的效果

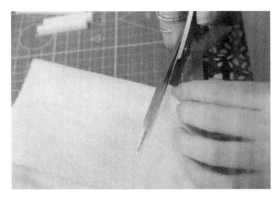

⚠ 图 4-226 剪一小块碎布准备制作被套

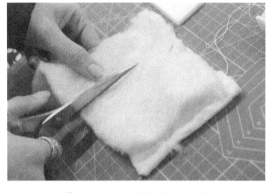

⚠ 图 4-230 剪好适量的棉花

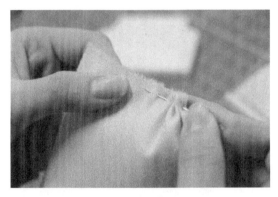

⚠ 图 4-227 边缘用针线缝合

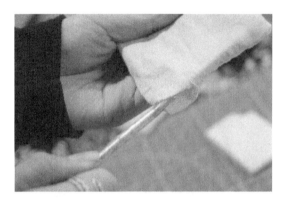

⚠ 图 4-231 用竹签将棉花塞入被套

⚠ 图 4-228 缝完后留一小口用于塞棉花

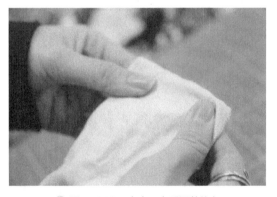

⚠ 图 4-232 塞完一半后调整均匀

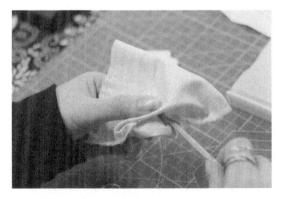

⚠ 图 4-229 用竹签将被套里外两面对调，使针线
缝合处在里面

⚠ 图 4-233 继续塞棉花

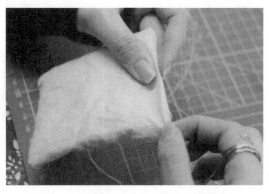

图 4-234　将小口子处按压整齐

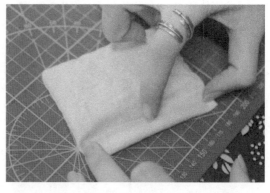

图 4-238　用手指轻按直到完全粘住

图 4-235　用针线缝合小口

图 4-239　粘上床靠板

图 4-236　选择缝合小口的一边涂上酒精胶

图 4-240　床边缘两边涂上酒精胶

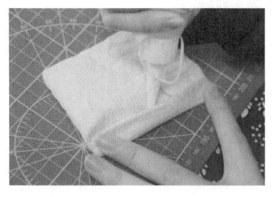

图 4-237　翻折后粘贴

图 4-241　粘上床护板

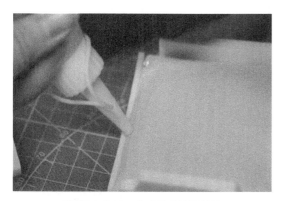

⚑ 图 4-242 在床单上涂酒精胶

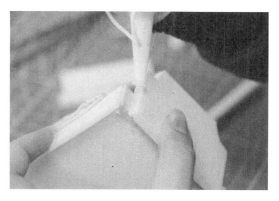

⚑ 图 4-246 床靠板两边涂上酒精胶

⚑ 图 4-243 涂好后的效果

⚑ 图 4-247 贴上立柱

⚑ 图 4-244 铺上被子

⚑ 图 4-248 床的最终效果

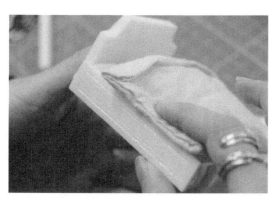

⚑ 图 4-245 边缘处用手轻按片刻

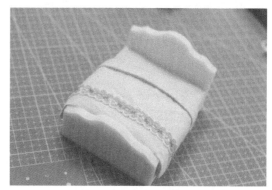

⚑ 图 4-249 用同样的方法制作另一张床

13. 靠枕的制作（图 4-250～图 4-259）

⚐ 图 4-250　剪好靠枕所需布块

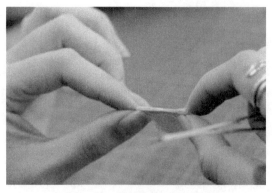

⚐ 图 4-254　沿着涂酒精胶的边缘对折

⚐ 图 4-251　将两布块边缘对接后翻折

⚐ 图 4-255　用镊子将边缘更好地对折

⚐ 图 4-252　翻折后展开

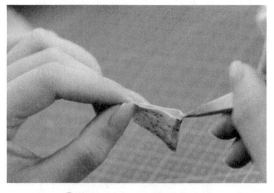

⚐ 图 4-256　用手捏住另一侧

⚐ 图 4-253　在折痕边缘涂上酒精胶

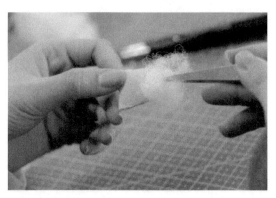

⚐ 图 4-257　用镊子往里面塞棉花

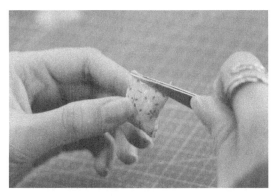

⚠ 图 4-258　涂上酒精胶封口，用镊子夹住固定片刻

⚠ 图 4-262　再将中间一小块切掉

⚠ 图 4-259　靠枕最终的效果

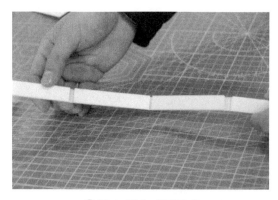

⚠ 图 4-263　切割完成

14. 书架榻榻米的制作（图 4-260 ～图 4-279）

⚠ 图 4-260　切割出书架边框

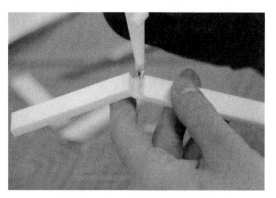

⚠ 图 4-264　翻折处涂上酒精胶

⚠ 图 4-261　切割出翻折处

⚠ 图 4-265　与书架底板拼贴

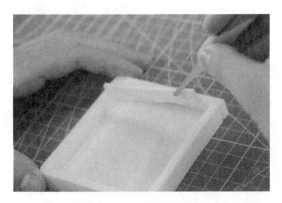

图 4-266　贴上书架隔板

图 4-270　书架与榻榻米结合效果

图 4-267　用空芯油性笔画出书架柜门纹理

图 4-271　切割出榻榻米坐垫底板

图 4-268　贴上柜门

图 4-272　对半切开时将手指全按在板面上

图 4-269　用镊子贴上中间隔板

图 4-273　剪出坐垫对应大小的布块

图 4-274　将底板与棉花、布块平整对齐

图 4-278　用手指按住片刻待粘牢后松开

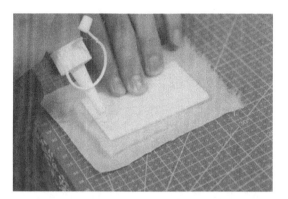

图 4-275　在底板上涂酒精胶

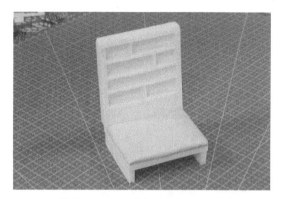

图 4-279　书架榻榻米最终效果

15. 书桌的制作（图 4-280 ～图 4-287）

图 4-276　将边缘翻折后粘牢

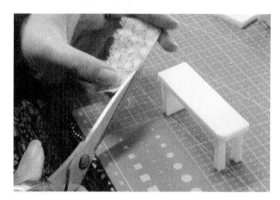

图 4-280　剪出与书桌相应大小的布块

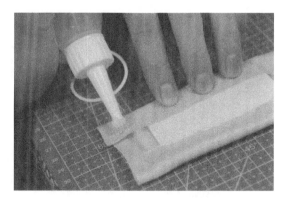

图 4-277　边角处多涂一些酒精胶

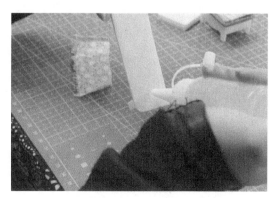

图 4-281　在桌面上涂酒精胶

⚞ 图 4-282　将布块贴在桌面上

⚞ 图 4-286　剪好与桌面相同大小的亚克力板并贴上

⚞ 图 4-283　桌面边缘也涂上酒精胶

⚞ 图 4-287　书桌的最终效果

16. 洗手池的制作（图 4-288 ~ 图 4-299）

⚞ 图 4-284　将边缘按在桌面上达到平整的效果

⚞ 图 4-288　将 KT 板对半切开

⚞ 图 4-285　粘贴完的效果

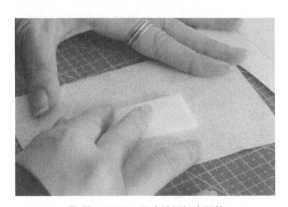

⚞ 图 4-289　用磨砂纸打磨平整

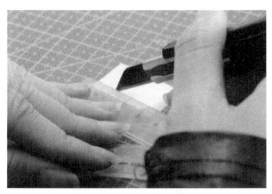

图 4-290　切割出水槽部分

图 4-294　贴上底板

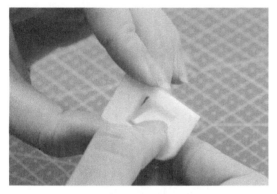

图 4-291　切割完用手指掏出

图 4-295　准备大头针用钳子掰弯

图 4-292　掏完后效果

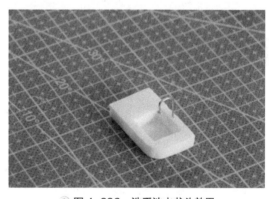

图 4-296　洗手池水龙头效果

图 4-293　底面涂上酒精胶

图 4-297　剪出洗手池边缘贴纸

图 4-298 沿着边缘贴一圈

图 4-302 贴上柜门

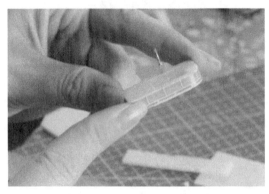

图 4-299 洗手池最终效果

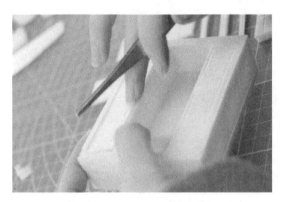

图 4-303 检查边缘是否平整

17. 衣柜的制作（图 4-300 ~ 图 4-311）

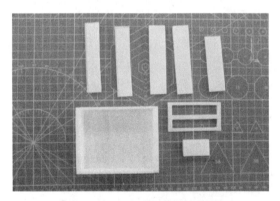

图 4-300 切割好衣柜所需板块

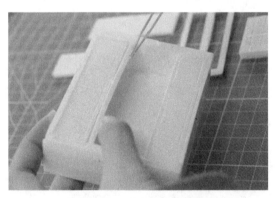

图 4-304 用镊子进行调整

图 4-301 柜门板涂上酒精胶

图 4-305 调整完成

图 4-306 柜门拼贴完成

图 4-307 抽屉处涂上酒精胶

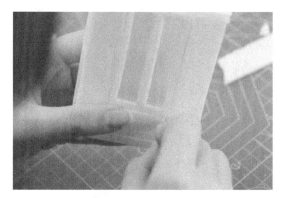

图 4-308 贴上抽屉面板

图 4-309 用镊子贴上把手

图 4-310 衣柜最终效果

图 4-311 用同样的方法制作出另一个衣柜

18. 在室内模型上摆放做好的家具电器等
（图 4-312～图 4-350）

图 4-312 准备好所有家具进行摆放

图 4-313 客厅、餐厅的家具

⚐ 图 4-314   主卧衣柜底面涂上酒精胶

⚐ 图 4-318   床脚上涂酒精胶后放入主卧

⚐ 图 4-315   用棉签均匀涂抹

⚐ 图 4-319   放入床头柜

⚐ 图 4-316   将衣柜放入主卧

⚐ 图 4-320   主卧最终效果

⚐ 图 4-317   用手指按住牢固片刻后松开

⚐ 图 4-321   次卧衣柜底面涂上酒精胶

图 4-322 背面也涂上酒精胶

图 4-326 书架榻榻米底部涂上酒精胶

图 4-323 将衣柜放入次卧

图 4-327 将书架榻榻米放入书房

图 4-324 将床放入次卧

图 4-328 放入书桌

图 4-325 次卧最终效果

图 4-329 在墙上贴隔板

图 4-330　贴完后的隔板

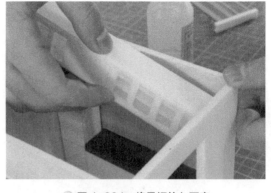

图 4-334　将吊柜放入厨房

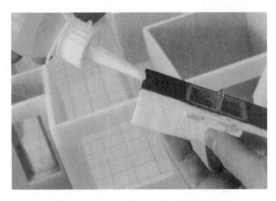

图 4-331　在灶台边上涂酒精胶

图 4-335　平整放入并移到标准高度

图 4-332　将灶台放入厨房

图 4-336　在电视柜底部涂上酒精胶

图 4-333　将冰箱放入厨房

图 4-337　将电视柜放入客厅

⚠ 图 4-338　将电视放入客厅

⚠ 图 4-339　将空调放入客厅

⚠ 图 4-340　将沙发、茶几放入客厅

⚠ 图 4-341　将餐桌放入餐厅

⚠ 图 4-342　椅子较小用镊子夹入

⚠ 图 4-343　餐厅放入餐桌、餐椅

⚠ 图 4-344　用镊子贴上挂画

⚠ 图 4-345　餐厅最终效果

图 4-346   窗户墙边边缘涂上酒精胶

图 4-348   窗户安装后的效果

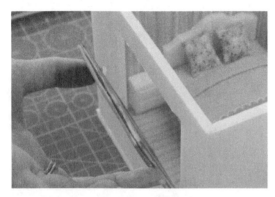

图 4-347   安装窗户

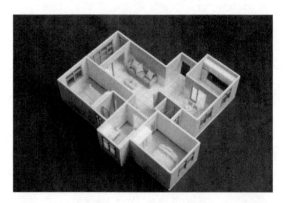

图 4-349   室内整体效果

图 4-350   以 KT 板为主材的室内模型制作   钟奶荣   指导教师：薛丽芳

模块 5　以综合材料为主材的室内模型装饰设计与制作实践

5.1　室内模型制作方案构思

室内模型制作方案构思见表 5-1。

表 5-1　室内模型制作方案构思

主题方案	民族风装饰风格	
课题分析	设计室内平面图纸，校正图纸后按比例缩放	
模型比例	1:25	
模型规格	52.8 cm×48.3cm	
模型选用材料	墙体、门窗选用透明亚克力板，地面采用 ABS 板，家具用 KT 板和布料，地板采用木纹贴纸和砖纹贴纸等	
工具	模型喷漆、酒精胶、镊子、铅笔、美工刀、钩刀、刻刀、砂纸、双面胶、尺子、电吹风、丙烯颜料、针线、墙纸若干、小木块若干、布料等	
整体调整	模型做好后，必须根据平面图进行整体调整，如发现有比例不协调的地方要及时调整，最后将灰尘、碎料等清理干净	
进度要求	8 课时	设计平面图，确定室内装饰风格，购买材料工具
	12 课时	制作墙体、底盘、门窗等
	20 课时	室内陈设制作：客厅电视墙、电视柜、沙发、茶几、橱柜、餐桌、椅子、书桌和床等主要家具
	16 课时	装饰品制作：抱枕、被子、枕头、花瓶、电视、装饰画、灯饰、洗刷盆等，最后制作模型保护罩

5.2　以综合材料为主材的室内墙体及门窗制作步骤详解

用亚克力板作为主材制作墙体及门窗，首先要准备一把钩刀。钩刀刀头为尖钩状，是切割有机玻璃、亚克力板、ABS 塑料板等材料的利器。使用方法是先在亚克力板上画好线，再把亚克力板平放在地板上，然后把尺子按在板材上面，用长尺子盖住板材需要留下的一侧，左手按住尺子，右手握住钩刀，在画好的线上钩划一道直线缺口，然后用钩刀沿着已经刮出的直线缺口用力往后连续拉钩 4 次，接着把尺子和钩刀移开；把钩划上缺口的亚克力板，放在工作台或桌子的边沿线上，把亚克力板的直线缺口对准桌台边沿线，用力住下一按，亚克力板立即齐口断开。

下面详细介绍以亚克力板为主材的室内墙体及门窗的制作步骤（图 5-1～图 5-36）。

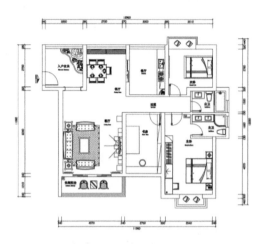

⚒ 图 5-1　用 CAD 绘制平面图

⚒ 图 5-2　按比例（1:25）缩放 CAD 图纸并打印

⚒ 图 5-3　在 ABS 板上进行平面图纸拷贝

◈ 图 5-4　拷贝完成

◈ 图 5-8　测量地板贴纸尺寸

◈ 图 5-5　用钩刀切割平面图

◈ 图 5-9　切割木纹贴纸

◈ 图 5-6　将切割好的形状与主板分离

◈ 图 5-10　用小块 KT 板小心翼翼地在 ABS 板上推平地板贴纸

◈ 图 5-7　打磨地面板材质边缘

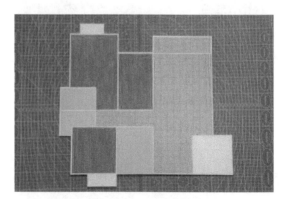

◈ 图 5-11　完成地面的制作

图 5-12　准备墙体主材亚克力板和钩刀

图 5-16　将门的位置和尺寸在墙体上画出来

图 5-13　用钩刀将亚克力板切割成宽 12cm 的
长条作为墙体

图 5-17　在墙体上进行门窗的切割

图 5-14　将切割的长条边缘用砂纸打磨平整

图 5-18　控制好力度将门窗掰开

图 5-15　用钩刀切割出每面墙体的尺寸

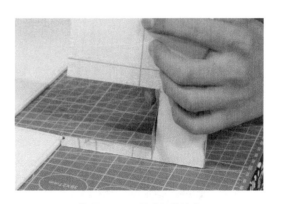

图 5-19　修整门的边缘

⚿ 图 5-20　将切割好的墙去掉保护膜并量好墙纸的尺寸

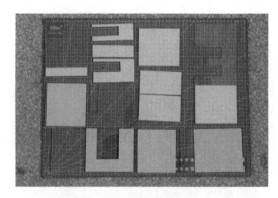

⚿ 图 5-24　所有墙体粘贴完并分类记号

⚿ 图 5-21　将墙纸按照尺寸大小裁剪

⚿ 图 5-25　测量好门框的尺寸

⚿ 图 5-22　将墙纸粘贴在切割好门的墙体上

⚿ 图 5-26　将测量好的门框进行切割

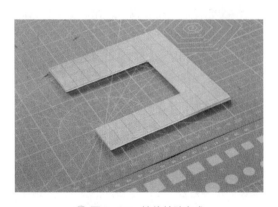

⚿ 图 5-23　墙体粘贴完成

⚿ 图 5-27　将门框贴纸粘贴在切割好的门框相应位置

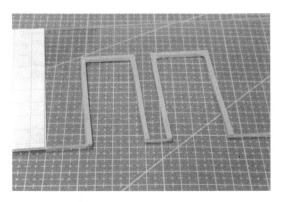

◬ 图 5-28　完成所有门框

◬ 图 5-32　上胶前认真对好需要上胶的地方

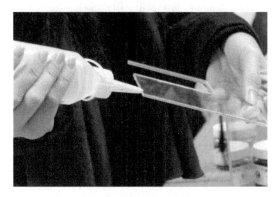

◬ 图 5-29　墙与墙之间衔接处涂上酒精胶

◬ 图 5-33　在立墙的时候要按顺序粘贴

◬ 图 5-30　将涂上酒精胶的墙体粘贴在相应的位置

◬ 图 5-34　可以由外向内粘贴

◬ 图 5-31　用重物协助立墙

◬ 图 5-35　粘贴完一半后的效果示意

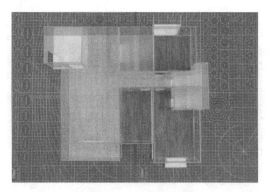

⚠ 图 5-36　墙体最终效果

5.3　利用综合材料进行室内装饰与制作

1. 入户花园的制作（图 5-37 ～图 5-55）

图 5-37　在 KT 板上画一些圆（入户花园的草坪）

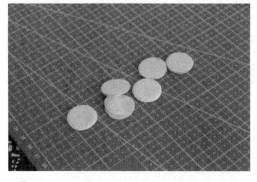

⚠ 图 5-38　将圆圈切割下来再对半切薄，备用

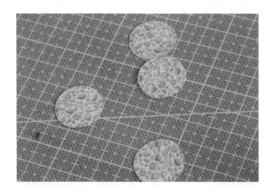

⚠ 图 5-39　用石头或大理石图案的纸裁剪出与上图
相同大小的圆

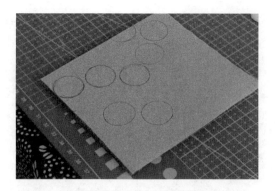

⚠ 图 5-40　剪一块与入户花园相同大小的草坪，
在草坪背面画出从大门到客厅门的路径

⚠ 图 5-41　裁剪出圆圈

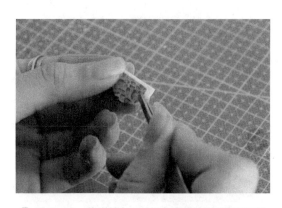

⚠ 图 5-42　将先前在 KT 板上裁剪好的圆圈和石头
图案进行粘贴

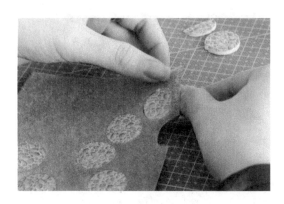

⚠ 图 5-43　将粘贴好的石头地砖从草坪背面与草坪粘合

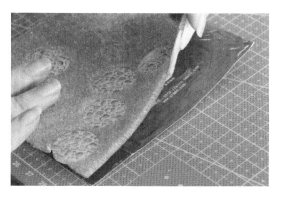

△ 图 5-44　剪一块与草坪大小一样的硬纸，粘贴在草坪背面

△ 图 5-48　把花粘贴在小葫芦的里面

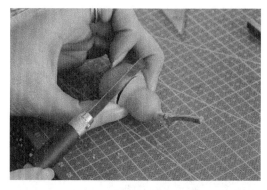

△ 图 5-45　用小锯子将小葫芦对半锯开进行水缸的制作

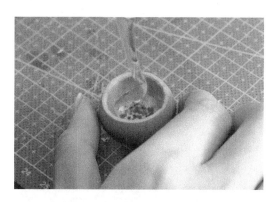

△ 图 5-49　往葫芦里面慢慢地倒入酒精胶

△ 图 5-46　将小葫芦里面的籽掏空

△ 图 5-50　水缸完成后放一边晾干

△ 图 5-47　景观花上胶水

△ 图 5-51　将景观树花盆粘贴在草坪上

图 5-52　将旧灯笼剪成篱笆的尺寸并用酒精胶粘贴在入户花园的墙体上

图 5-53　景观植物如果太长可进行适当地修剪

图 5-54　在小石头上涂一点酒精胶后放入场景内并在石头上撒一点草粉

图 5-55　入户花园最终效果

2. 客厅的制作

（1）沙发的制作（图 5-56 ～图 5-100）

图 5-56　沙发坐垫按图纸切割好尺寸

图 5-57　对半切开

图 5-58　把沙发的各部件按尺寸切好，坐垫棉花和坐垫板大小一样

图 5-59　把一个扶手零件放置在黑色背胶广告纸上

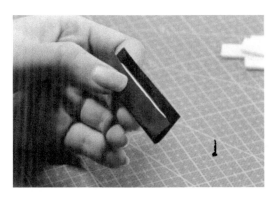

图 5-60　一侧多留一点，然后粘贴

图 5-61　上下粘贴完，左右两侧多余的广告纸用剪刀剪去

图 5-62　左右往里粘贴并用指甲轻划四个边，做出立体效果

图 5-63　将剩下的用同样的方法粘贴完并组装成扶手

图 5-64　两个沙发扶手完成

图 5-65　在沙发靠背板上粘贴硬泡沫

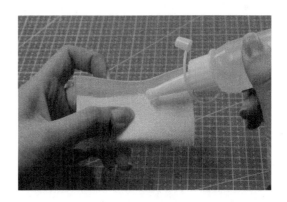

图 5-66　剪一块比沙发靠背大的布进行粘贴

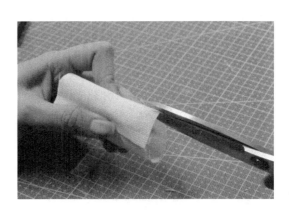

图 5-67　左右各剪四刀

⚠ 图5-68   把多余的布剪掉并把一边往里面粘贴好

⚠ 图5-72   沙发座制作完成

⚠ 图5-69   用同样的方法粘贴另一边

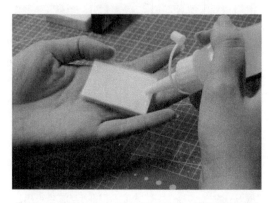

⚠ 图5-73   将软棉花和对半切开的KT板进行粘贴并在表面上胶

⚠ 图5-70   做完两个靠背后，接下来做沙发座和沙发坐垫

⚠ 图5-74   剪一块比沙发坐垫大一点的布

⚠ 图5-71   先把两块沙发座粘贴在一起并用一条长布条包住露在外面的部分

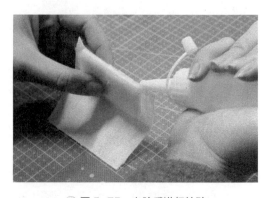

⚠ 图5-75   上胶后进行粘贴

⚠ 图 5-76 两边分别剪四刀

⚠ 图 5-77 上酒精胶继续粘贴

⚠ 图 5-78 中间往里粘

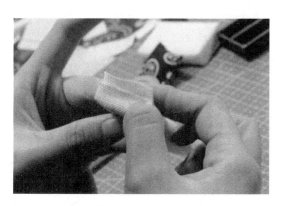

⚠ 图 5-79 继续往里面粘

⚠ 图 5-80 剪掉多余的布后沙发坐垫完成
（用同样的方法再做一个）

⚠ 图 5-81 在布上画好两块 3cm×6cm 的长方形
并裁剪下来

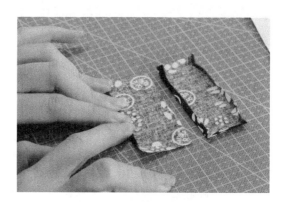

⚠ 图 5-82 四个边分别往里面折进 0.5cm

⚠ 图 5-83 再对折

⚑ 图 5-84　边缘上胶

⚑ 图 5-88　收口往里面折并涂上酒精胶

⚑ 图 5-85　用镊子将 0.5cm 边缘夹紧粘牢

⚑ 图 5-89　用镊子夹紧粘牢（用同样的方法制作
　　　　　　沙发靠垫）

⚑ 图 5-86　完成两个沙发抱枕套

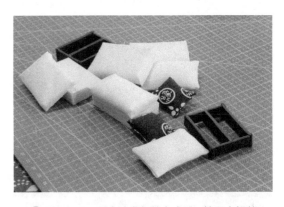

⚑ 图 5-90　所有沙发部件完成后，接下来组装

⚑ 图 5-87　往抱枕套里面塞棉花

⚑ 图 5-91　将沙发坐垫粘贴在沙发座上

图 5-92 将沙发靠背粘贴在沙发座后面

图 5-96 另一边也用同样的方法固定

图 5-93 用力固定片刻

图 5-97 将各自粘贴好的沙发进行拼接

图 5-94 沙发扶手上胶

图 5-98 沙发靠垫与沙发靠背进行粘贴

图 5-95 将沙发扶手固定在沙发边上

图 5-99 将沙发抱枕粘贴在沙发坐垫和沙发靠垫上

图 5-100　沙发最终效果

（2）茶几的制作（图 5-101 ～图 5-109 ）

图 5-101　按图纸尺寸切割好茶几，黑色背胶广告纸要比茶几大，将四个角各自剪去一个小方块

图 5-102　往里翻折（广告纸多留一点，不然时间久了会外翻）

图 5-103　四个边翻折完成

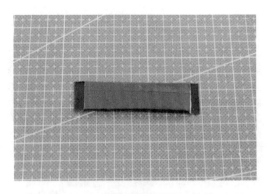

图 5-104　用同样的方法将其余的茶几零件用黑色背胶广告纸全部包好

图 5-105　全部包好后，接下来组装

图 5-106　把茶几的侧面粘贴好

图 5-107　再粘贴上桌面

图 5-108　固定片刻直到胶水干

图 5-109　客厅茶几基本完成，后期可以装饰上漂亮的东西

（3）矮凳的制作（图 5-110 ～图 5-119）

图 5-110　将两个瓶盖粘贴在一起

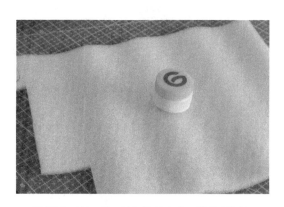

图 5-111　剪一块与瓶盖大小一样的硬泡沫

图 5-112　将硬泡沫粘贴在瓶盖上

图 5-113　用一块布包住泡沫瓶盖并剪掉多余的布

图 5-114　在正中间钉钉子

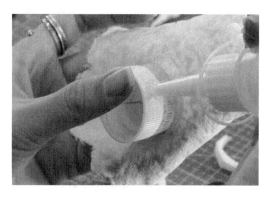

图 5-115　在瓶盖周围涂上酒精胶

△ 图 5-116   将布慢慢地往瓶盖里塞，塞的时候要做一点褶皱

△ 图 5-117   切一块瓶盖大小的 KT 板塞进去

△ 图 5-118   褶皱不够的时候可以用镊子夹出更多褶皱

△ 图 5-119   矮凳制作完成

（4）电视机的制作（图 5-120 ～图 5-124）

△ 图 5-120   按图纸尺寸切好电视机，剪一块比电视机大的黑色背胶广告纸

△ 图 5-121   将四个角各自剪去一个小方块后进行粘贴

△ 图 5-122   剪一块与电视机一样大的 0.5mm 厚的亚克力板

△ 图 5-123   电视机边缘用指甲轻刮一下会更立体，四个角点上胶水并粘贴上亚克力板

图 5-124　电视机最终效果

（5）落地灯的制作（图 5-125 ～图 5-131）

图 5-125　落地灯的制作材料有纽扣电池、LED 灯、外壳、珠子

图 5-126　把珠子固定到外壳上

图 5-127　将 LED 灯放到外壳里面

图 5-128　用电线连接纽扣电池正负极进行测试

图 5-129　灯泡测试正常之后粘上胶布，将纽扣电池塞入外壳

图 5-130　再次测试灯泡是否亮

图 5-131　找一个底座，简单的落地灯制作完成

（6）电视柜的制作（图 5-132～图 5-135）

（7）电视背景墙的制作（图 5-136～图 5-140）

图 5-132 电视柜是用小木块做的，先摆好造型再上胶

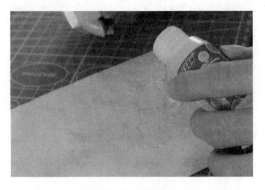

图 5-136 剪一块电视背景墙大小的纸并上胶水

图 5-133 上胶水时要注意有的面要上胶水，有的面不用上胶水

图 5-137 用没用的 KT 板均匀涂抹

图 5-134 用手压住固定片刻

图 5-138 由下往上对准粘贴在客厅墙面上

图 5-135 电视柜制作完成

图 5-139 用没用的 KT 板从下往上刮平整

图 5-140 在晾干的过程中可以做沙发背景墙

（8）沙发背景墙的制作（图 5-141 ~图 5-148）

图 5-141 在 KT 板上切割一个圆圈

图 5-142 找一张喜欢的图片剪出与 KT 板大小一样的圆圈

图 5-143 拿一块印花布包住圆圈并剪去多余的布

图 5-144 涂上酒精胶

图 5-145 粘贴上剪好的图片（注意不要贴太紧）

图 5-146 用美工刀把印花布往里塞

图 5-147 边缘涂上胶水并按压粘牢

图 5-148　挂画完成，目测挂画在墙上的位置，挂画之间要留有距离

（9）客厅家具的摆放（图 5-149 ～图 5-155）

图 5-149　先固定好电视机再固定电视柜

图 5-150　剪一块布，把四条边的线抽掉大约 0.5cm 并在边上均匀涂抹胶水

图 5-151　轻轻粘贴在客厅地面上作为地毯

图 5-152　装饰一下茶几并粘贴在地毯上

图 5-153　固定沙发，注意能着地的地方都要上胶，上胶时从边缘到里面 1cm 的地方开始涂，防止固定时胶水跑出来

图 5-154　将客厅家具摆放好后上胶固定

图 5-155　客厅最终效果

3. 阳台的制作（图 5-156 ～图 5-175）

⚠ 图 5-156　阳台边墙粘贴砖图案的壁纸

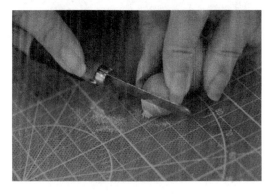

⚠ 图 5-157　用小锯子将小葫芦前部、中部、底部
分别锯开

⚠ 图 5-158　锯成如图所示并打磨边缘
（两部分葫芦都有用）

⚠ 图 5-159　葫芦中部里外用酒红色喷漆随意喷涂

⚠ 图 5-160　然后再用浅绿色喷漆随意喷涂

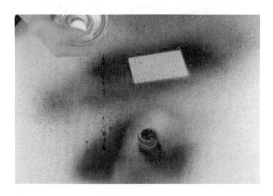

⚠ 图 5-161　另一部分的葫芦底部用同样的方法喷漆

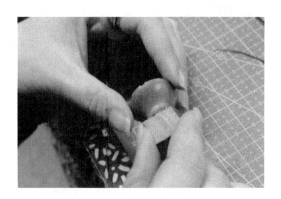

⚠ 图 5-162　将葫芦中部粘贴到木块上

⚠ 图 5-163　把模型花粘贴上去

图 5-164　尽量将花整理得更美观

图 5-168　将模型枝干固定到墙上，另一头插入
葫芦底部

图 5-165　将之前入户花园用剩下的材料装饰到
花盆旁边

图 5-169　按尺寸切割好椅面，KT 板对半切开
再一分为二

图 5-166　在每个石头上涂胶水并粘贴在花盆旁边

图 5-170　边缘各留 0.5cm，椅脚用同样的方法
切割

图 5-167　将葫芦底部固定倒入胶水后往里面倒
草粉

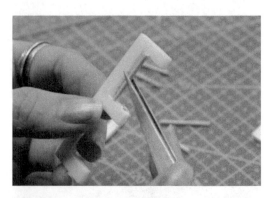

图 5-171　牙签去掉头部和尾部，椅面里面涂上胶水
并用镊子固定

🅰 图 5-172 椅面制作完成

🅰 图 5-173 将两边的椅脚也用同样的方法粘贴

🅰 图 5-174 组装好的休闲椅最终效果

🅰 图 5-175 固定各部件后阳台的最终效果

1. 餐厅的制作

（1）餐桌的制作（图 5-176 ～图 5-187）

🅰 图 5-176 按尺寸切割好餐桌的桌面和桌脚并对半切薄

🅰 图 5-177 用黑色背胶广告纸将餐桌面包起来

🅰 图 5-178 餐桌的正面

🅰 图 5-179 将桌脚包纸的四个角各剪去一个小方块进行粘贴

图 5-180　用同样的方法制作四个桌脚

图 5-181　桌脚涂上胶水

图 5-182　与桌面进行正确粘贴

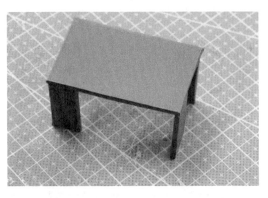

图 5-183　餐桌完成，接下来做装饰部分

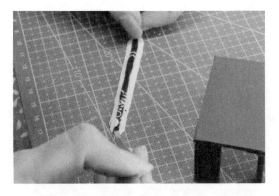

图 5-184　桌旗要比桌面长，宽 1cm，里面的布宽 0.3cm

图 5-185　对比桌旗观察是否与餐桌协调

图 5-186　桌旗头尾各做一个流苏，完成后将桌旗粘贴到餐桌中间

图 5-187　餐桌的最终效果

（2）盆栽的制作（图 5-188 ～图 5-193）

⚑ 图 5-188　通过废物利用进行盆栽的制作

⚑ 图 5-189　根据要制作的花比例大小进行修剪

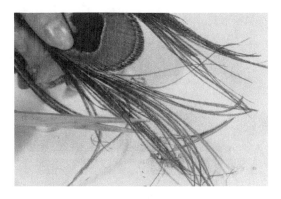

⚑ 图 5-190　剪下孔雀羽毛上长的须作为花枝

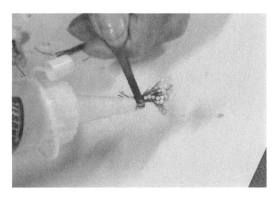

⚑ 图 5-191　将一小束花用镊子夹紧并在底部涂上胶水

⚑ 图 5-192　将涂上胶水的花束粘到珠子里

⚑ 图 5-193　发挥创意制作各种盆栽

（3）餐椅的制作（图 5-194 ～图 5-204）

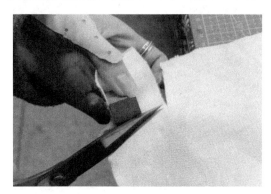

⚑ 图 5-194　用亚麻将木块五个面包起来并剪下

⚑ 图 5-195　木块五个面涂上胶水与亚麻粘贴

图 5-196 将布角对折

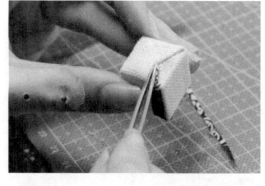

图 5-200 剪一小条印花布粘贴到椅座正面

图 5-197 四个椅座完成

图 5-201 椅座装饰上小布条显得更美观

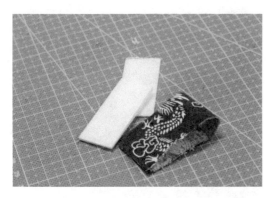

图 5-198 剪下比椅背大一点的亚麻

图 5-202 把椅背粘贴到椅座上

图 5-199 椅背的所有面都要包到，多余部分用剪刀剪掉

图 5-203 餐椅最终效果

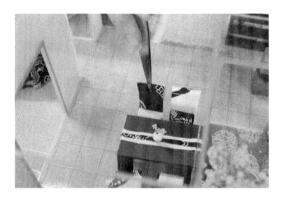

⚠ 图 5-204　固定各部件后餐厅的最终效果

5. 厨房的制作（图 5-205 ～图 5-239）

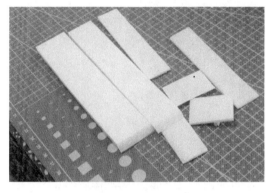

⚠ 图 5-205　按比例切割好橱柜、吊柜的台面、面板、门板，吊柜的面板要对半切薄

⚠ 图 5-206　将整条吊柜门板按比例切割，四边留 0.5cm 并做好记号

⚠ 图 5-207　对半切开吊柜门板

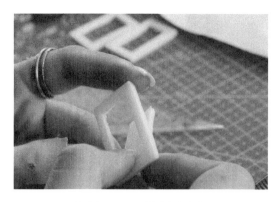

⚠ 图 5-208　挖空吊柜门板

⚠ 图 5-209　挖空的吊柜门板完成

⚠ 图 5-210　剪下与门板同样大小的透明包装片

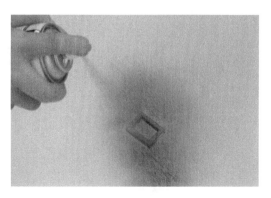

⚠ 图 5-211　用模型喷漆将吊柜门板喷成酒红色

　图 5-212　把透明包装片粘贴到吊柜门板后面

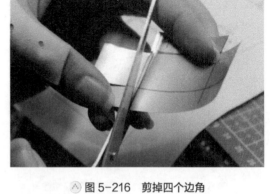

　图 5-216　剪掉四个边角

　图 5-213　橱柜门板用空芯油性笔画出痕迹，橱柜
门板喷成酒红色，其余台面、面板喷成米白色

　图 5-217　往里面翻折并用透明胶粘贴做成水槽

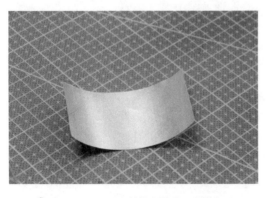

　图 5-214　从易拉罐上剪下一个长方形

　图 5-218　水槽中间隔断面做成 0.2cm 宽并用胶水
固定

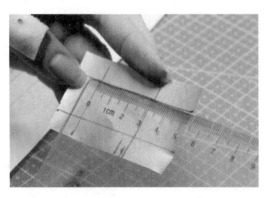

　图 5-215　做好尺寸记号

　图 5-219　将台面的水槽位置切割好

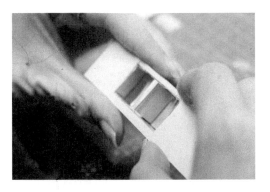

图 5-220　涂上胶水后将水槽从里面固定

图 5-221　剪四条铝片，头尾各斜剪一刀，将大头针折弯做成水龙头

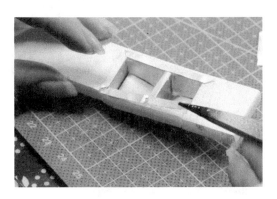

图 5-222　涂上胶水后在水槽四周粘贴铝片

图 5-223　橱柜门板涂上胶水，橱柜完成

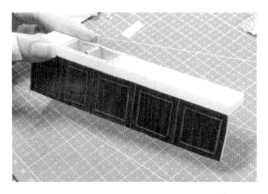

图 5-224　橱柜的最终效果

图 5-225　进行吊柜门板的粘贴

图 5-226　吊柜门板要对整齐

图 5-227　粘贴米白色的上下面板

图 5-228 粘贴左右酒红色门板，吊柜完成

图 5-232 做成一个盒子状

图 5-229 吊柜的最终效果

图 5-233 冰箱门中间挖去 0.2cm 宽

图 5-230 将冰箱侧面面板的上下边各切去 0.5cm 并保持 KT 板表面不断

图 5-234 冰箱门侧边做一个把手

图 5-231 冰箱上下面板与侧面面板进行粘贴

图 5-235 冰箱制作完成

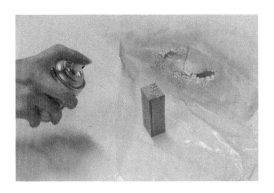

⚠ 图 5-236 将冰箱喷成银灰色

⚠ 图 5-237 粘贴白色小珠子作为吊柜把手并固定吊柜

⚠ 图 5-238 粘贴橱柜

⚠ 图 5-239 固定冰箱后厨房的最终效果

6. 工作室的制作

（1）长桌的制作（图 5-240、图 5-241）

⚠ 图 5-240 花边缠绕长桌板一圈

⚠ 图 5-241 长桌的最终效果

（2）工作桌的制作（图 5-242 ～图 5-246）

⚠ 图 5-242 将工作桌的制作零件切割好

⚠ 图 5-243 固定好桌脚

图 5-244　用印花布包好

图 5-248　将亚克力板粘贴在上面

图 5-245　桌面上粘贴一块 0.3cm 厚的亚克力板

图 5-249　置物架的最终效果

（4）挂画的制作（图 5-250 ～图 5-254）

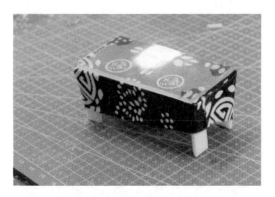

图 5-246　工作桌的最终效果

（3）置物架的制作（图 5-247 ～图 5-249）

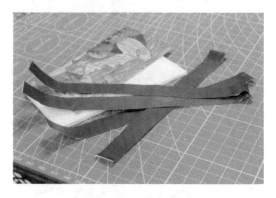

图 5-250　剪四条广告纸

图 5-247　将 KT 板切割成支架

图 5-251　用胶水均匀涂抹 KT 版

⚠ 图 5-252　将画粘贴到 KT 板上

⚠ 图 5-256　用电吹风更好地吹出弧度

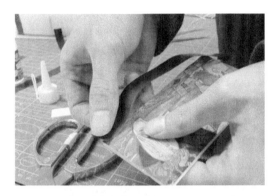

⚠ 图 5-253　用四条广告纸进行画框包边

⚠ 图 5-257　垫子用软泡沫包布

⚠ 图 5-254　挂画的最终效果

⚠ 图 5-258　再切割一块一样的 KT 板当作底板

（5）贵妃椅的制作（图 5-255 ～图 5-267）

⚠ 图 2-255　先用笔在 KT 板上勾勒出靠背再切割

⚠ 图 5-259　将靠背双面进行粘贴

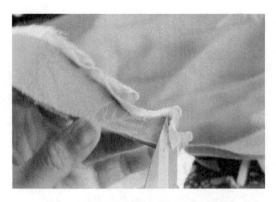

图 5-260 靠背包边

图 5-264 打磨小木块

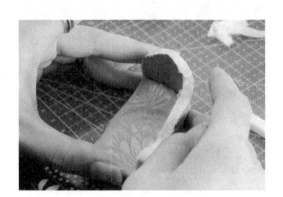

图 5-261 将坐垫和靠背粘贴在一起

图 5-265 粘贴小木块做成椅脚

图 5-262 给坐垫底板粘贴花边

图 5-266 四个椅脚粘贴完成

图 5-263 将一次性筷子锯成四个小木块

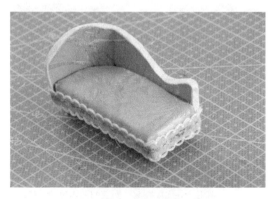

图 5-267 贵妃椅的最终效果

（6）画架的制作（图 5-268 ～图 5-281 ）

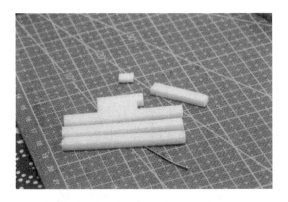

◈ 图 5-268   准备好制作画架的材料

◈ 图 5-269   在最长的两根支撑的中下部粘贴一根支撑

◈ 图 5-270   再粘贴上面的一根支撑

◈ 图 5-271   在一根支撑的适当位置切一个凹槽但不切断

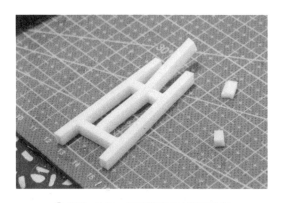

◈ 图 5-272   粘贴到整个支架的中间

◈ 图 5-273   将大头针剪成只留针头并粘贴在 KT 板上

◈ 图 5-274   固定到画架上

◈ 图 5-275   在一根横支撑上切割出凹槽

⚠ 图 5-276　并粘贴两个大头针的针头

⚠ 图 5-277　将其固定在画架的中间位置

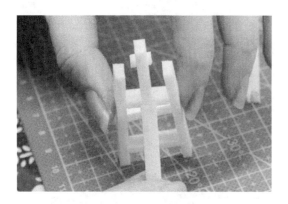

⚠ 图 5-278　粘贴画架的后支撑

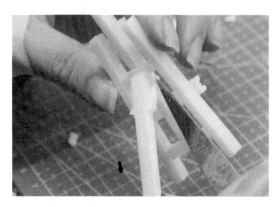

⚠ 图 5-279　粘贴上左右调节用的斜支撑

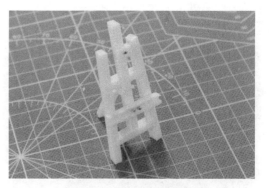

⚠ 图 5-280　画架制作完成

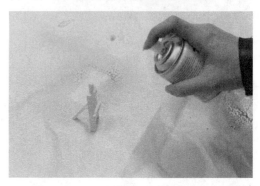

⚠ 图 5-281　喷米白色的漆后画架的最终效果

工作室的最终效果如图 5-282 所示。

⚠ 图 5-282　固定各部件后工作室的最终效果

7. 次卧和主卧的制作

（1）次卧地面的制作（图 5-283 ～图 5-286）

⚠ 图 5-283　准备比床的尺寸宽 2cm 的 KT 板一块和一张木纹贴纸

⚠ 图 5-284　正中间粘贴，四个角各剪去一个小长方形

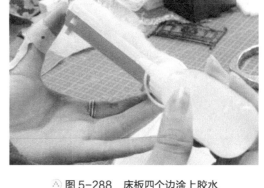

⚠ 图 5-288　床板四个边涂上胶水

⚠ 图 5-285　利用桌面把包边粘贴好

⚠ 图 5-289　整齐地粘贴上布

⚠ 图 5-286　次卧地面的最终效果

⚠ 图 5-290　四个角各剪去一个小方块

（2）次卧床的制作（图 5-287 ～图 5-294）

⚠ 图 5-287　将棉花粘贴到模型床板上

⚠ 图 5-291　里面涂胶水并用镊子辅助往里粘贴

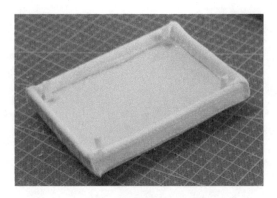

图 5-292　床垫制作完成

图 5-296　长方形布的长边涂胶水

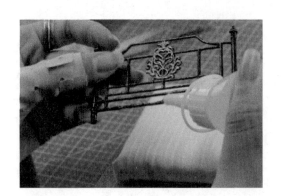

图 5-293　模型架喷漆并粘贴在床头

图 5-297　往里面粘贴

图 5-294　次卧床最终效果

图 5-298　制作成一个布袋的形状

（3）次卧床上被子的制作（图 5-295～图 5-304）

图 5-295　从旧衣服上剪下一块长方形布，要留出
包边的尺寸和被头翻过来的尺寸

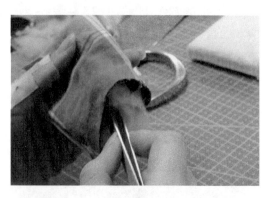

图 5-299　往布袋里面塞棉花，注意不要
太多

图 5-300　涂胶水封口

图 5-301　在封口外面继续涂胶水

图 5-302　剪一块带加边的布粘贴在封口上

图 5-303　再翻过来粘贴，做出被子翻过来的效果，
并粘贴到床上

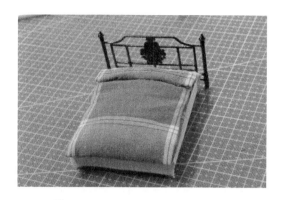

图 5-304　次卧床被子的最终效果

（4）次卧床上枕头的制作（图 5-305 ～图 5-313）

图 5-305　准备好制作枕头的材料，其中枕头布
要留出包边的尺寸

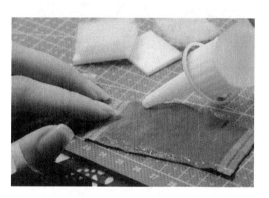

图 5-306　枕头布的长边涂胶水

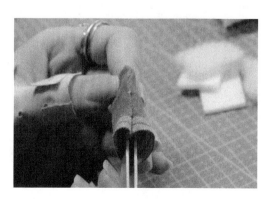

图 5-307　用镊子往里面粘贴

图 5-308 粘贴完成

图 5-312 将有胶水的面往里面粘贴

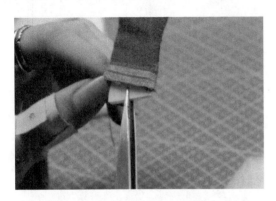

图 5-309 将 KT 板放入，使枕头更有形

图 5-313 枕头的最终效果

（5）次卧床头柜的制作（图 5-314 ～图 5-321）

图 5-310 往里面塞棉花，注意不要太多

图 5-314 切割两块与木块一样大小的 KT 板

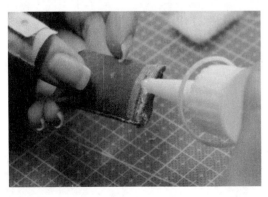

图 5-311 涂上胶水

图 5-315 用印花布包上一块 KT 板和木块

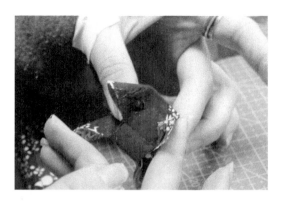

⚘ 图 5-316　四面粘贴

⚘ 图 5-317　对折粘贴

⚘ 图 5-318　用印花布包上另一块 KT 板

⚘ 图 5-319　粘贴四个面

⚘ 图 5-320　剪去多余部分

⚘ 图 5-321　床头柜的最终效果

（6）次卧和主卧飘窗的制作（图 5-322 ～图 5-330）

⚘ 图 5-322　准备飘窗坐垫 KT 板两块和硬泡沫两块

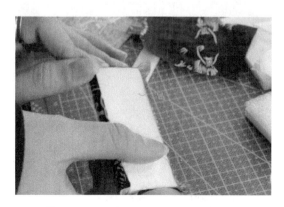

⚘ 图 5-323　按房间的颜色配色并包上布

⚠ 图 5-324 切割好坐垫下面的四条长边和四条宽边

⚠ 图 5-328 涂上胶水

⚠ 图 5-325 将边轻切，做图案

⚠ 图 5-329 将四个边进行粘贴

⚠ 图 5-326 将做好的图案进行喷漆

⚠ 图 5-330 飘窗的最终效果

（7）主卧床的制作（图 5-331～图 5-342）

⚠ 图 5-327 长边头尾各切一个 0.5cm 宽的口并保留底面

⚠ 图 5-331 硬泡沫和 KT 板层叠放置并用白色的布包裹粘贴成床垫

图 5-332　粘贴完成后放在一边晾干

图 5-336　床尾左右各剪一刀，床头不用包

图 5-333　均匀地在床垫底部涂抹上酒精胶

图 5-337　框架是用吸管做的，胶水要多涂一点

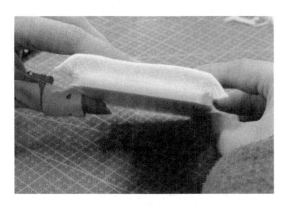

图 5-334　再粘贴一块 KT 板

图 5-338　各框架之间粘贴牢固

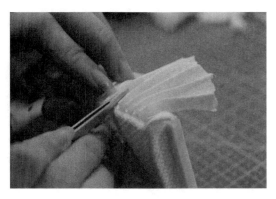

图 5-335　包花边并用镊子做出褶皱

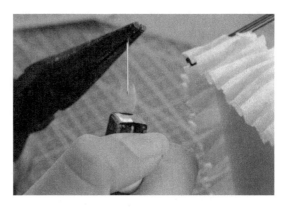

图 5-339　将大头针插入框架接口处固定

⚠ 图 5-340　将大头针插入床脚处固定

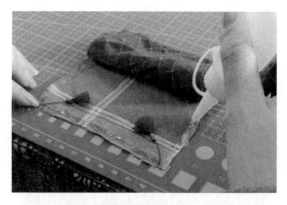

⚠ 图 5-344　在被子的相对漂亮的面上涂胶水并留口

⚠ 图 5-341　将大头针烧红

⚠ 图 5-345　胶水涂完贴紧，留口塞棉花

⚠ 图 5-342　主卧床的最终效果

⚠ 图 5-346　将被子漂亮的面从里面外翻出来

（8）主卧床上被子的制作（图 5-343～图 5-353）

⚠ 图 5-343　准备好制作被子的材料

⚠ 图 5-347　整理被角

⚠ 图 5-348　将棉花平整地塞入被子里面并理平

⚠ 图 5-349　涂胶水封口

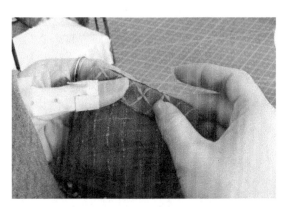

⚠ 图 5-350　用力按压使其粘贴牢固

⚠ 图 5-351　在封口处粘贴上花边进行装饰

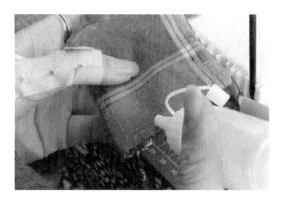

⚠ 图 5-352　背面涂上胶水粘贴到床上

⚠ 图 5-353　被子的最终效果

（9）次卧床飘纱的制作（图 5-354～图 5-356）

⚠ 图 5-354　将黑纱和白色蕾丝粘贴在一起

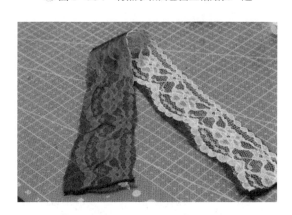

⚠ 图 5-355　床框架飘纱的最终效果

图 5-356 将飘纱粘贴到框架上，做几个枕头粘贴到床上

（10）主卧床头柜的制作（图 5-357 ～图 5-363）

图 5-357 切割好床头柜的尺寸

图 5-358 在床头柜柜面上做一些图案

图 5-359 将要粘贴的地方切去 0.5cm，要留面

图 5-360 粘贴组合成床头柜

图 5-361 粘贴上桌脚

图 5-362 对床头柜先喷绿色再喷紫色制成做旧的效果

图 5-363 粘贴上把手，床头柜制作完成

（11）主卧衣柜的制作（图 5-364 ～图 5-374）

图 5-364　将衣柜的尺寸按图纸比例切割好

图 5-365　用空芯油性笔画出衣柜门图案

图 5-366　画好的衣柜门

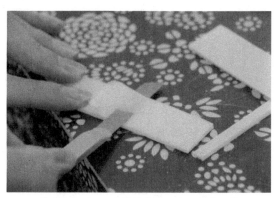

图 5-367　有的地方需要用刀削薄一些

图 5-368　将衣柜零件粘贴组装

图 5-369　衣柜背面装饰

图 5-370　喷上红色作为底色并晾干

图 5-371　再喷紫色

图 5-372　晾干后，可废物利用将链子的环用来当把手

图 5-373　用衣服上的铆钉装饰桌面

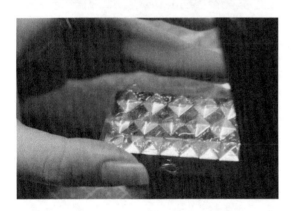

图 5-374　把薄透明板粘贴到铆钉上做成玻璃并将
多余部分剪去

（12）香水瓶的制作（图 5-375、图 5-376）

图 5-375　珠子上粘贴一个长珠

图 5-376　香水瓶制作完成

（13）梳妆镜和梳妆椅的制作（图 5-377 ～
图 5-385）

图 5-377　将裁好的镜片打磨一下

图 5-378　装饰镜片

图 5-379　将亚克力板喷漆做旧并切割

图 5-380　掰断的时候用一块布隔着，以防喷漆掉色

图 5-381　将边角打磨

图 5-382　打磨好一块长的和两块短的亚克力板

图 5-383　粘贴钻进行点缀装饰

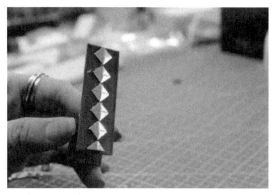

图 5-384　梳妆椅背面用铆钉进行装饰

图 5-385　梳妆椅制作完成

（14）主卧电视机的制作（图 5-386 ～图 5-390）

图 5-386　电视机的制作方法和客厅的电视机一样，只是加了图片

图 5-387　将图片剪下后，粘贴到电视机上再粘贴一层薄膜

△ 图 5-388　将电视机粘贴在衣柜上并装饰一些摆件

△ 图 5-389　电视机的最终效果

△ 图 5-390　衣柜的最终效果

次卧和主卧的最终效果如图 5-391 和图 5-392
所示。

△ 图 5-391　固定各部件后次卧的最终效果

△ 图 5-392　固定各部件后主卧的最终效果

8. 卫生间陈设的制作（图 5-393 ~图 5-408）

△ 图 5-393　对卫生间镜片进行简单装饰

△ 图 5-394　镜子的最终效果

△ 图 5-395　洗手台台面正面斜切

图 5-396 切割洗手台柜门并画上图案

图 5-400 把花托当洗手盆粘贴在台面上

图 5-397 将台面、门板喷漆

图 5-401 把方形绿色透明装饰珠当作抽纸盒，同时剪一小张纸巾贴在装饰珠的缝隙里当作抽纸

图 5-398 台面粘贴装饰品并将多余部分剪去

图 5-402 将抽纸粘贴在洗手台上

图 5-399 将大头针折弯做成水龙头

图 5-403 可用花瓶装饰，看的见的台面边缘用印花布包边

图 5-404　粘贴门板

图 5-405　把多余的包边剪掉

图 5-406　洗手台的最终效果

图 5-407　将洗手台固定

图 5-408　固定网购的模型马桶

9. 家具的摆设（图 5-409 ～图 5-419）

图 5-409　固定飘窗

图 5-410　固定好飘窗再粘贴亚克力板

图 5-411　用手固定片刻

图 5-412　固定衣柜

图 5-413　固定梳妆椅

图 5-414　亚克力板粘贴做成置物架

图 5-415　固定主卧床并用重物按压

图 5-416　固定床头柜

图 5-417　固定亚克力小条当作门框

图 5-418　固定花瓶

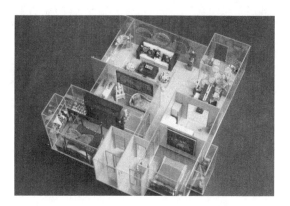

图 5-419　亚克力模型效果　赵舒恒　指导教师：薛丽芳

模块 6　室内模型观赏罩的装饰设计与制作

6.1　室内模型观赏罩罩体的制作

模型制作完成之后，为了防止灰尘污染，同时能够长期更好地保存模型，可用透明亚克力板制作一个观赏罩。小一点的室内模型一般用厚度为 3mm 左右的亚克力板制作观赏罩，大一点的模型需要用厚度为 5mm 左右的亚克力板制作观赏罩。

1）首先根据模型的大小，在亚克力板上画出比模型四周多出约 10cm 的尺寸，然后用钩刀在亚克力板上切割需要的尺寸，使用钩刀时要注意安全，如图 6-1 所示。

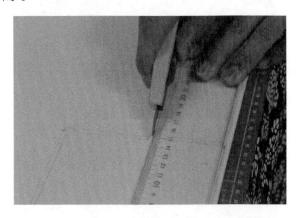

图 6-1　用钩刀在亚克力板上切割观赏罩的尺寸

2）亚克力板切割后，切面的不光滑会给后期墙体粘合带来阻碍，所以需要用砂纸打磨切面。由于切面粗糙，要注意安全，带好防护手套，如图 6-2 所示。

图 6-2　打磨切割后的亚克力切面

3）亚克力板打磨完成后先要用干净的布擦拭灰尘，然后用酒精胶在亚克力板的切面上涂抹均匀，如图 6-3 所示。亚克力板的固定粘合可以用瓶子或者颜料桶等物体来帮助固定。如图 6-4 所示，把瓶子摆放成"W"形辅助固定。在固定过程中，用酒精胶再次粘贴（图 6-5）。

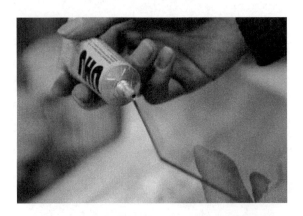

图 6-3　用酒精胶在亚克力切面上涂抹均匀

图 6-4　把瓶子摆放成"W"形辅助固定

图 6-5　用酒精胶再次粘贴

4）初次固定等到胶水稍微凝固后，使用玻璃胶在粘合处进行二次固定，使整个模型观赏罩更加稳固。注意每一个粘合面都需要打玻璃胶，如图6-6所示。观赏罩完成后效果如图6-7所示。

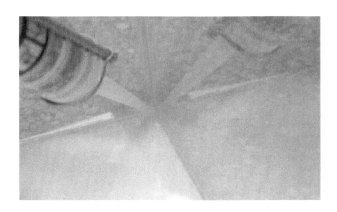

图6-6 玻璃胶在粘合处进行二次固定

图6-7 观赏罩完成后效果

6.2 室内模型观赏罩底座的制作

1）根据观赏罩罩体的尺寸大小，用锯子裁出四根相应尺寸的木条（图6-8），并在木条两端切斜角（图6-9），裁切时要特别注意尺寸，因为刀口也有一定的厚度，切勿出现误差。

2）用钉枪将四根木条钉成方框（图6-10），在方框中间再钉一条木条，使整个方框呈日字形（图6-11），作为观赏罩底座的固定框架。为了使底座框架更加牢固，可以在两个主干之间再固定一根木条形成三角形，如图6-12所示。

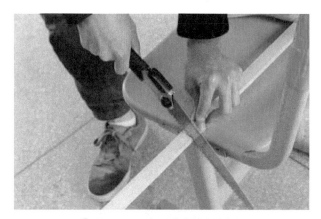

图6-8 用锯子裁出相应的木条

图6-9 在木条两端切掉对角线

图6-10 用钉枪将木条钉成方框

图6-11 底座固定框

⚮ 图6-12　用钉枪钉成三角形加固

⚮ 图6-15　用小锯刀锯掉多余斜角

3）根据底座框架的大小尺寸，在1cm宽的半圆形装饰条上做记号，然后用小锯刀轻轻地锯出四根装饰条，用红笔在装饰条两端做斜角线记号，再用小锯刀锯掉多余斜角，四根装饰线条全部锯好后并排放在一起，用模型喷漆喷成银灰色备用（图6-13～图6-17）。

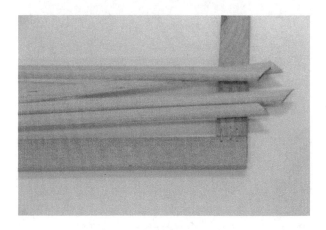

⚮ 图6-16　锯好的四根装饰条

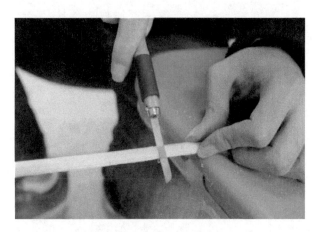

⚮ 图6-13　用小锯刀轻轻地锯出四根装饰条

⚮ 图6-17　用模型喷漆将装饰条喷成银灰色

4）根据底盘的大小尺寸，裁剪一张同等大小的灰色广告纸平铺在底盘上，拉开粘贴纸对准底盘的一个角，用小块的KT板轻轻向后边推边拉开粘贴纸，直至铺平整个底盘（图6-18～图6-20）。也可以裁剪一张同等大小的草坪纸，拉开粘贴纸对准底盘的一个角，用滚筒滚平，如图6-21和图6-22所示。

⚮ 图6-14　用红笔在装饰条两端做斜角线记号

图 6-18 裁剪灰色广告纸

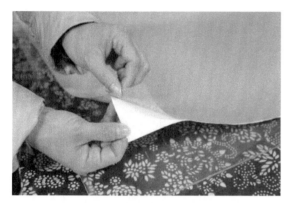

图 6-19 拉开粘贴纸

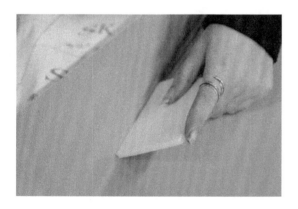

图 6-20 用小块的 KT 板轻轻向后边推边拉开粘贴纸

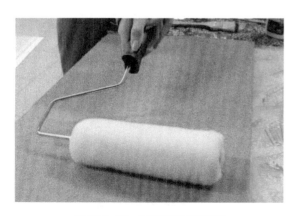

图 6-21 用滚筒滚平草坪纸

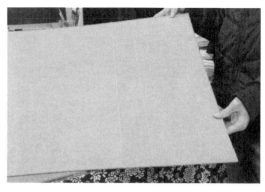

图 6-22 草坪纸粘贴效果

5）用玻璃胶将四根装饰条固定在模型观赏罩的底盘上，用小号描笔调出银色修饰接口处漆喷的不均匀地方，最后把透明观赏罩体盖在底座上，一个手工自制的模型观赏罩就完成了（图 6-23～图 6-29）。

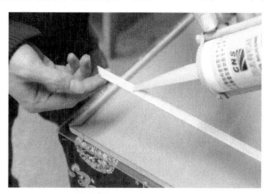

图 6-23 用玻璃胶将四根装饰条固定在底盘上

图 6-24 用小号描笔调出银色修饰接口处

图 6-25 底盘最终效果

⚞ 图 6-26　将透明观赏罩体盖在底座上

⚞ 图 6-28　也可以铺绿色草坪作为底盘

⚞ 图 6-27　以灰色广告纸为底盘的观赏罩效果

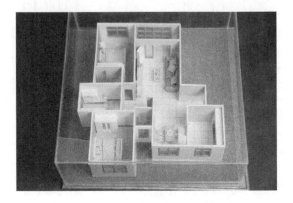

⚞ 图 6-29　以草坪为底盘的观赏罩效果

项目 3 室内模型作品的拍摄与赏析

▎模块 7 室内模型作品的拍摄

7.1 专业数码单反相机拍摄技巧

室内模型是一件立体的、三维的实物，如果长期大规模地保存，需要一定的空间来存放，中途搬动极易毁坏，而且制作模型的材料时间长了容易老化、变形，影响模型的效果。所以对模型进行拍摄，形成电子文件保存在计算机中或备份在 U 盘里进行长久保存，是目前各大设计院校普遍采用的一种方式。

利用数码单反相机进行模型拍摄是目前较为理想的模型拍摄方式。在相机选用上，选择支持专业的摄影配件，如镜头可更换，支持闪光灯热靴，像素 800 万及以上，支持光圈调节、快门调节的手动模式，可拍摄 RAW 格式的相机，后期可以更精确地调整画面效果。现今市面上所售的很多微单、单电相机也符合以上要求，也可以进行较为专业的模型拍摄。

镜头建议采用放大倍率为 1:1 的微距镜头，这样可以更好地拍摄模型的细节。如果没有专业的微距镜头，拍摄模型时的焦距尽量调到 50mm 以上进行拍摄，因为低于 50mm 的焦距拍出的画面很容易变形。另外，在光线允许的情况下，光圈选择 F8 左右最为适宜。ISO 设定在 100～400 之间，ISO 过高容易产生噪点，影响最终效果。

专业的模型拍摄尽量选择室内影棚，这样可以更好地把握光线的强弱以及色彩的还原。影棚灯光最好配有稳定色温的闪光灯，指数 300W 及以上。使用影棚的闪光灯拍摄时，色温一般设定在 5000～5500K 之间。影棚拍摄效果如图 7-1～图 7-3 所示。

图 7-1　摄影棚拍摄

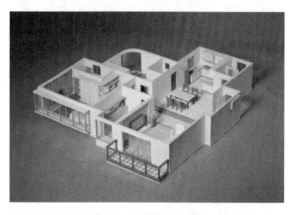

图 7-2　单反相机室内影棚拍摄效果 1　摄影：江泽平

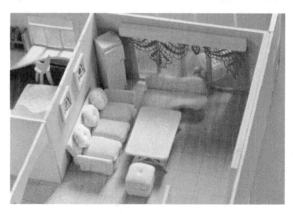

图 7-3　单反相机室内影棚拍摄效果 2　摄影：江泽平

光线的布置要注意确定主光源，在此基础上设置相应的辅助光、背景光以及氛围光等。拍摄过程中要注意各个光线的比例（即"光比"），掌握好光比就可以更好地展现模型中各种材料的质感、体积感和空间感等。

如果模型制作者没有达到专业的摄影水平，也可以请专业的摄影师进行拍摄，拍摄的过程中要跟摄影师进行适当的沟通，让摄影师更好地理解模型制作的想法，以达到最佳的拍摄效果。

7.2　普通数码相机和手机拍摄技巧

现实中很多人没有专业的数码单反相机，也没有专业的影棚，更没有专业的摄影师，很多人有的只是一部普通的数码相机或者手机，利用这些简单设备拍摄模型的步骤如下：

1）首先要了解自己手中的摄影器材。除数码单反相机之外的摄影器材有很多种，微单的很多功能与单反相机类似，可参照专业数码单反相机拍摄技巧操作；普通家用数码相机（或称"卡片机"）的有些功能也类似单反相机，如果有手动模式尽量选择手动模式，以便更精确地掌握画面效果。除此之外，剩下的功能基本上也跟手机拍摄的功能差不多。手机按照系统划分，主要有 IOS 系统手机（苹果手机）和安卓手机两大类（WP 系统的手机拍摄功能大体上与安卓类似）。不论使用哪种摄影器材，建议多看使用说明书，或者上网查找相应的使用技巧，对相机的各项功能和参数有比较详细的了解之后，再进行操作。

2）其次，在拍摄之前应检查器材是否达到最佳的工作状态。很多人在使用手机拍摄时，因为手机经常拿来拿去，后置的摄像头容易沾到指纹或者灰尘，在拍摄之前一定要仔细清理干净，镜头前的任何污渍都会在照片中被无限放大，影响成像。

3）在用 IOS 手机拍摄模型时，要把滤镜和闪光灯关闭，在光比较强烈的环境中要开启 HDR 功能，

如果光线较暗，可以按住快门连续拍摄几张，以免因为手抖而产生图片模糊，筛选后再把效果不好的照片删掉。在用安卓手机拍摄模型时，也要关闭滤镜和闪光灯，在光线比较强烈的环境中要开启 HDR 功能（如果有这个功能），如果光线较暗，可以开启夜景模式，拍摄几张选出画面最佳的一张即可。在很多安卓手机中，可以设置拍摄的像素，理论上讲，拍摄模型时，像素越高越好，这样细节表现更到位。有微距功能的手机在拍摄模型的局部时，可开启微距功能进行更加细致地拍摄。手机拍摄效果如图 7-4 ～图 7-7 所示。

4）在使用数码相机和手机拍摄之前，应当把模型置于简洁干净的背景之中（如铺上黑色或灰色的衬布），以突出要拍摄的模型主体（图 7-8）。

图 7-4　手机拍摄效果 1　摄影：薛星辉

图 7-5　手机拍摄效果 2　摄影：薛星辉

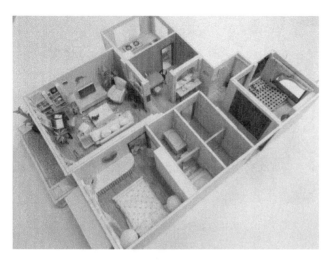

图 7-6 手机拍摄效果 3 摄影：郑彧辰

7.3 摄影光线的正确使用

1. 室内影棚光线的使用

选择专业的室内影棚进行拍摄，可以更精确地按照拍摄者的意图进行布光拍摄，如主光源、辅助光、背景光或者氛围光都可以进行有意境的创作组合，而且可以得到稳定的画面效果。关于影棚中的灯光使用，首先要设置好色温，正确的色温能够更真实地还原物体本身的色彩，如果未能准确设置，可借助白板或者灰板手动调整白平衡（图 7-9）。也可使用 RAW 格式进行拍摄，后期能有调整的空间。模型在室内摄影棚的拍摄效果如图 7-10 和图 7-11 所示。

图 7-7 手机拍摄效果 4 摄影：郑彧辰

图 7-9 调试拍摄光源

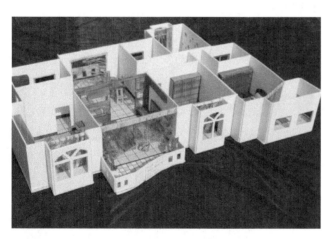

图 7-8 拍摄时将模型主体置于衬布之上 摄影：薛丽芳

图 7-10 模型在室内摄影棚的拍摄效果 1 摄影：江泽平

⊛ 图 7-11　模型在室内摄影棚的拍摄效果 2　摄影：江泽平

2. 自然光的正确使用

如果没有专业的影棚，可以找一个有阳光的午后，这样可以有明确的主光源，可以更好地表现出模型的立体感和空间感。如果是太阳光直射的场景，要注意用白布、白纸对模型暗部进行补光，充当辅助光，让画面中的光线平衡一些。模型在室外自然光下的拍摄如图 7-12 ～图 7-14 所示。

⊛ 图 7-12　模型在室外自然光下的拍摄 1　摄影：薛丽芳

⊛ 图 7-13　模型在室外自然光下的拍摄 2　摄影：薛丽芳

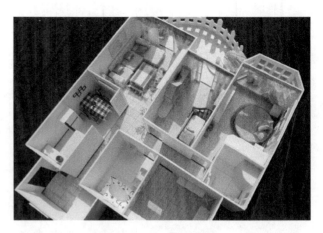

⊛ 图 7-14　模型在室外自然光下的拍摄 3　摄影：薛丽芳

在拍摄一些大的模型，如城市规划模型、园林景观模型、公共空间模型时，因灯光条件有限，可采用自然光拍摄。在阴天或者没有很明确的主光源的环境下拍摄模型时，一定要注意场景的搭配和拍摄角度的选择，要注意画面的色彩关系、空间关系以及图像的质量。

7.4　如何选取更好的拍摄角度

不论采用何种器材拍摄，都要拍出模型最佳的整体俯视拍摄效果、局部细节低角度拍摄效果以及模型每个角度的拍摄效果。拍摄整体效果时，一般采用俯拍、四个 45° 倾斜角度以及侧面拍摄等，尽可能完整地把模型的每一个角度都记录下来。拍摄模型局部时，应开启微距功能，多找几个低视角角度，拍出最有质感的画面。

很多数码相机有光学变焦功能，拍摄模型时要把焦距拉远一些，把画面的变形控制在合理的范围内。但是大多数的手机并没有光学变焦的功能，配备的是一枚广角定焦镜头，再好的广角镜头也会有畸变，尤其是物理性质决定的近大远小的透视关系。所以，在用手机拍摄时，要尽量让拍摄对象（模型）处于画面的中心，在取景框边角的地方很容易产生变形，这样拍出的模型就会失真，比例失调。当然，在像素允许的前提下，也可以适当使用数码变焦，或者后期裁剪画面，在透视变形与像素之间取得一个比较理想的平衡点。

模块 8　学生室内模型优秀作品欣赏

图 8-1　室内模型 1　赵舒恒
（湄洲湾职业技术学院）
指导教师：薛丽芳

图 8-2　室内模型 1 局部　赵舒恒
（湄洲湾职业技术学院）
指导教师：薛丽芳

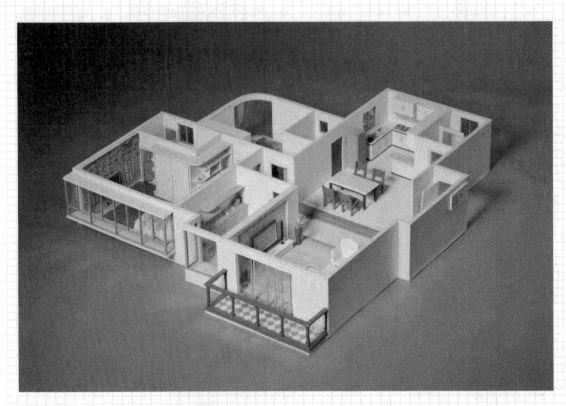

图 8-3　室内模型 2　陈柄林（湄洲湾职业技术学院）　指导教师：薛丽芳

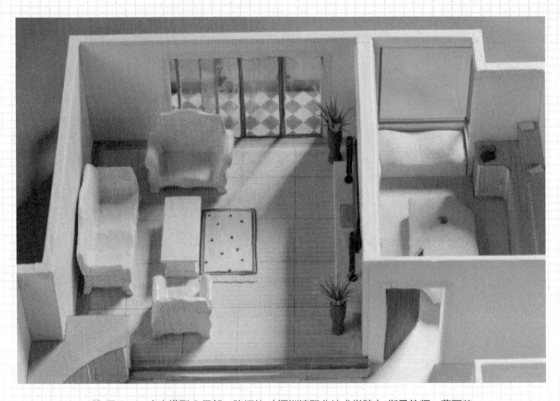

图 8-4　室内模型 2 局部　陈柄林（湄洲湾职业技术学院）　指导教师：薛丽芳

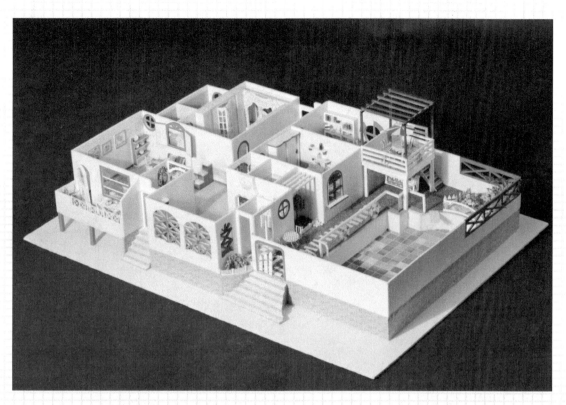

图 8-5　室内模型 3　赵舒恒、郑钰涵（湄洲湾职业技术学院）指导教师：薛丽芳

图 8-6　室内模型 3 局部　赵舒恒、郑钰涵（湄洲湾职业技术学院）指导教师：薛丽芳

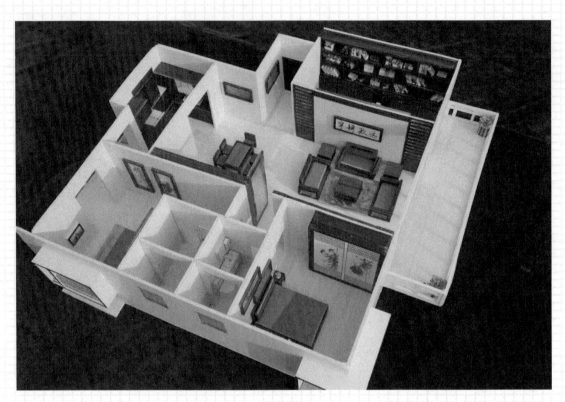

图 8-7 **室内模型 4** 徐玉灵（湄洲湾职业技术学院）**指导教师：**薛丽芳

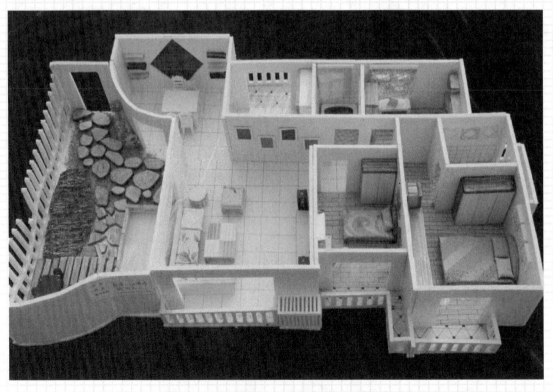

图 8-8 **室内模型 5** 彭鸿、池婷婷（湄洲湾职业技术学院）**指导教师：**薛丽芳

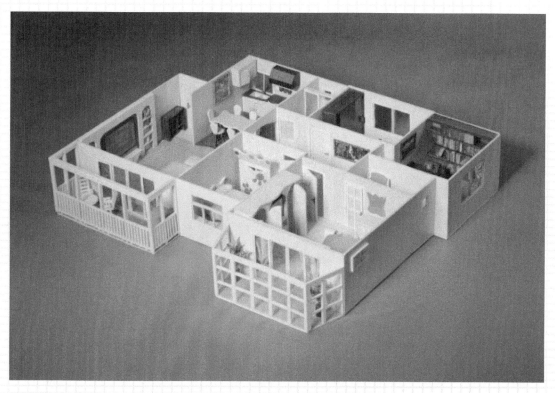

图 8-9　室内模型 6　刘坤朴、郑伟玲 （湄洲湾职业技术学院）　**指导教师：**薛丽芳

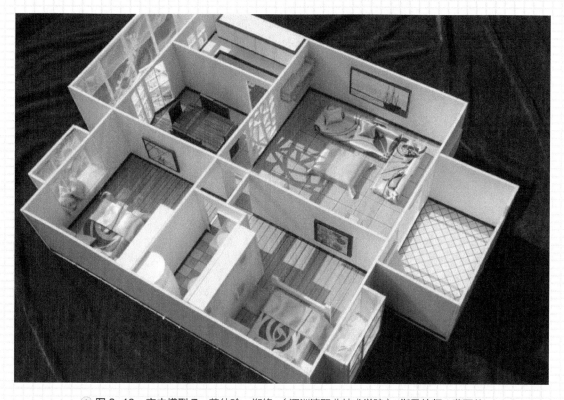

图 8-10　室内模型 7　黄幼珍、郑锋 （湄洲湾职业技术学院）　**指导教师：**薛丽芳

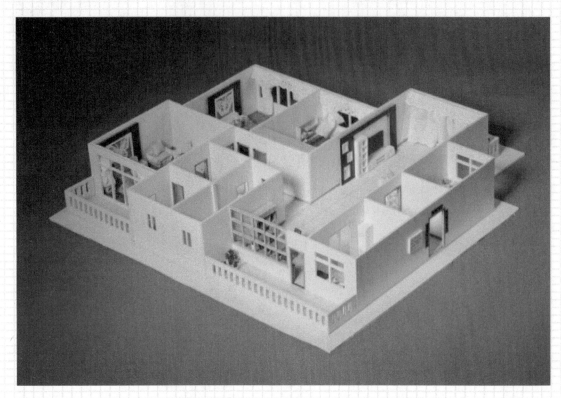

图 8-11 室内模型 8 钟奶荣 （湄洲湾职业技术学院） 指导教师：薛丽芳

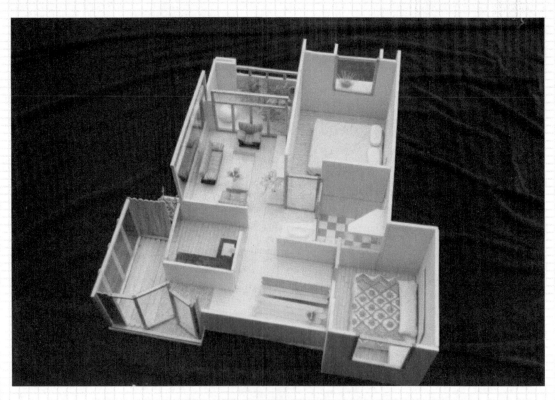

图 8-12 室内模型 9 周芳伟 （湄洲湾职业技术学院） 指导教师：薛丽芳

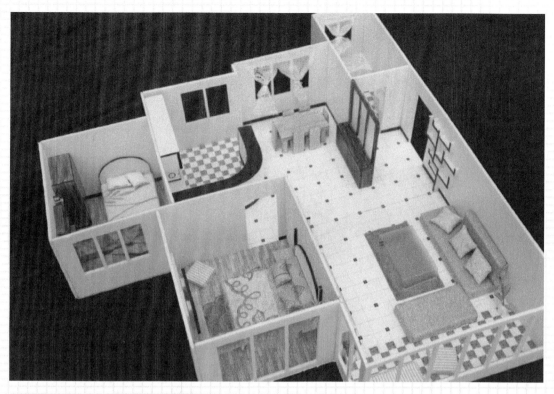

图 8-13　**室内模型 10**　孙云（湄洲湾职业技术学院）　**指导教师：**薛丽芳

图 8-14　**室内模型 11**　徐鑫（湄洲湾职业技术学院）　**指导教师：**薛丽芳

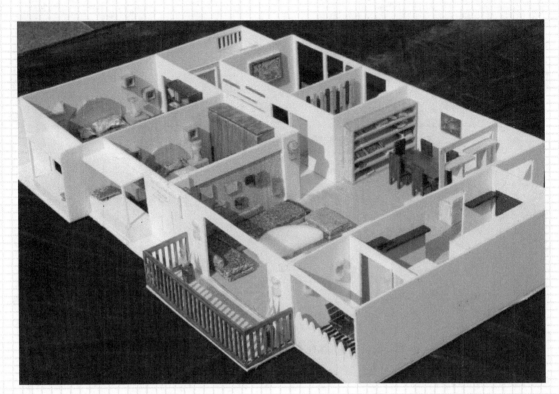

图 8-15 室内模型 12 麻勇彬、钟伟 （湄洲湾职业技术学院） 指导教师：薛丽芳

图 8-16 室内模型 13 郑艺恋 （湄洲湾职业技术学院） 指导教师：薛丽芳

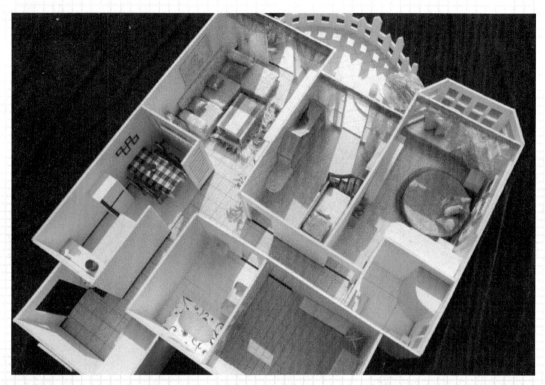

🔊 **图 8-17**　**室内模型 14**　兰杨娇（湄洲湾职业技术学院）　**指导教师：**薛丽芳

🔊 **图 8-18**　**室内模型 15**　陈健、郑丽红（湄洲湾职业技术学院）　**指导教师：**薛丽芳

图 8-19　室内模型 16　康婉婷（湄洲湾职业技术学院）**指导教师：** 薛丽芳

图 8-20　室内模型 17　姚婉婷（湄洲湾职业技术学院）**指导教师：** 薛丽芳

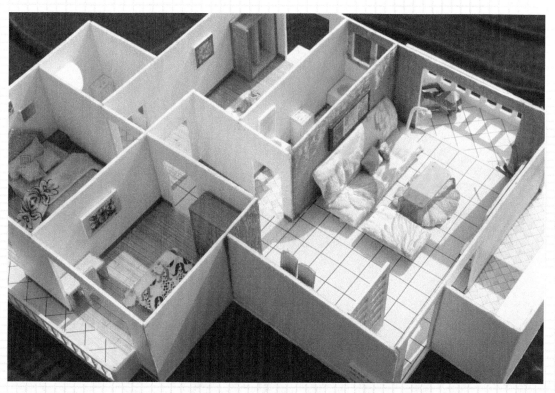

图 8-21 室内模型 18 肖秋明、郑秋玲（湄洲湾职业技术学院） 指导教师：薛丽芳

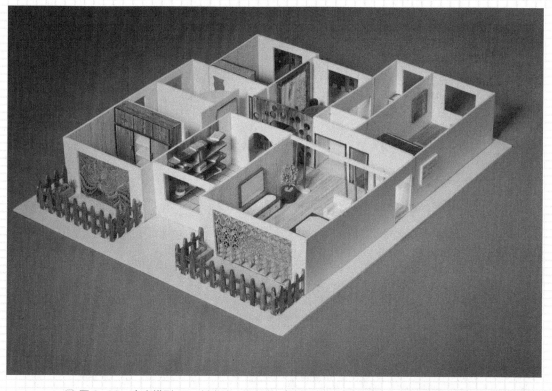

图 8-22 室内模型 19 刘肖榕、胡剑聪（湄洲湾职业技术学院） 指导教师：薛丽芳

图 8-23　室内模型 20　钟奶荣 （湄洲湾职业技术学院）　**指导教师：**薛丽芳

图 8-24　室内模型 21　林芳 （湄洲湾职业技术学院）　**指导教师：**薛丽芳

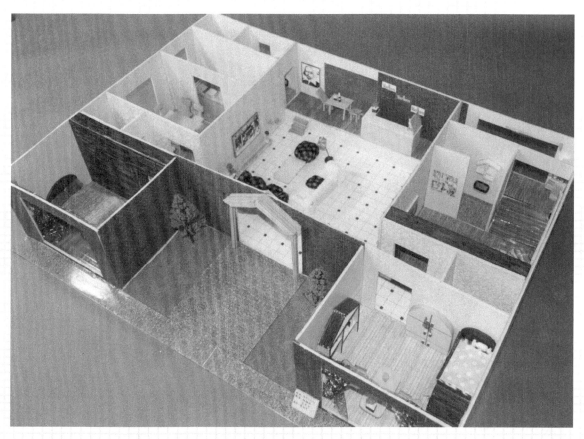

◎ 图 8-25　室内模型 22　候长华（湄洲湾职业技术学院）指导教师：薛丽芳

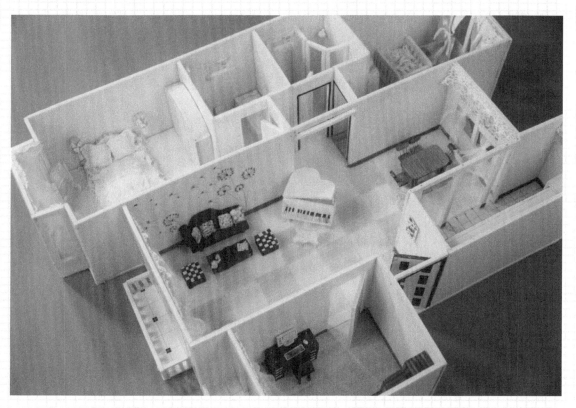

◎ 图 8-26　室内模型 23　严惠真（湄洲湾职业技术学院）指导教师：薛丽芳

图 8-27 室内模型 24 朱虹、李进 （湄洲湾职业技术学院） 指导教师：薛丽芳

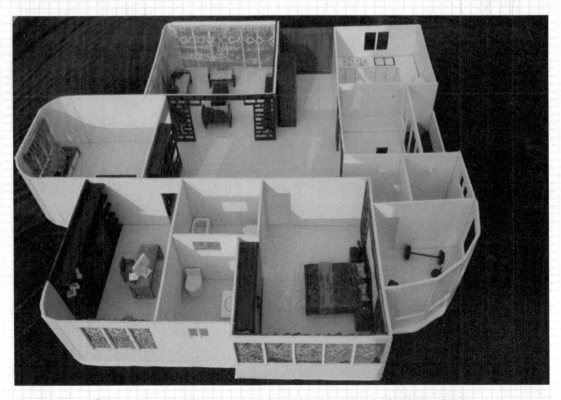

图 8-28 室内模型 25 王晓妹 （湄洲湾职业技术学院） 指导教师：薛丽芳

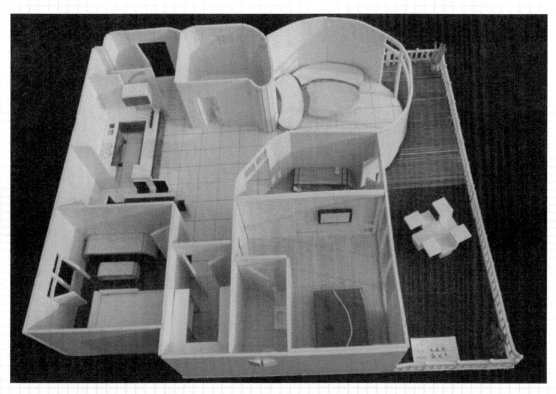

🔎 **图 8-29　室内模型 26**　陈晓伟　（湄洲湾职业技术学院）　**指导教师：**薛丽芳

🔎 **图 8-30　室内模型 27**　郑庆燕　（湄洲湾职业技术学院）　**指导教师：**薛丽芳

图 8-31　室内模型教学成果展 1　湄洲湾职业技术学院　指导教师：薛丽芳

图 8-32　室内模型教学成果展 2　湄洲湾职业技术学院　指导教师：薛丽芳

附录 "室内模型装饰设计与制作"课程课时安排

项目名称	模块名称	课程内容	课时
项目1 室内模型理论与基础	模块1 基本理论知识	1.1 模型的概念	4
		1.2 模型的类型	
		1.3 室内模型的比例	
		1.4 室内模型的制作原则	
	模块2 室内模型制作的材料与设备	2.1 室内模型制作的材料	
		2.2 室内模型制作的工具设备	
		2.3 模型制作实训室	
项目2 室内模型制作方法与训练	模块3 室内模型装饰设计方法	3.1 室内模型装饰设计草图方案的构思	4
		3.2 室内平面图的绘制	
		3.3 室内模型的色彩设计配置方法	
	模块4 以KT板为主材的室内模型装饰设计与制作实践	4.1 室内模型制作方案构思	26
		4.2 以KT板为主材的室内模型制作步骤详解	
	模块5 以综合材料为主材的室内模型装饰设计与制作实践	5.1 室内模型制作方案构思	26
		5.2 以综合材料为主材的室内墙体及门窗制作步骤详解	
		5.3 利用综合材料进行室内装饰与制作	
	模块6 室内模型观赏罩的装饰设计与制作	6.1 室内模型观赏罩罩体的制作	12
		6.2 室内模型观赏罩底座的制作	
项目3 室内模型作品的拍摄与赏析	模块7 室内模型作品的拍摄	7.1 专业数码单反相机拍摄技巧	6
		7.2 普通数码相机和手机拍摄技巧	
		7.3 摄影光线的正确使用	
		7.4 如何选取更好的拍摄角度	
	模块8 学生室内模型作品欣赏	学生室内模型作品欣赏	

作者简介

薛丽芳，福建仙游人，高级工艺美术师，厦门大学艺术硕士，福建省美术家协会会员，湄洲湾职业技术学院工艺美术学院室内设计专业带头人。多篇论文及作品在《美术》《美术大观》等核心期刊发表，作品多次参加中国美术家协会主办的国家级展览。

2012年作品《自豪吧！母亲》入选建军85周年全国美展，中国美术馆。

2013年作品《苍生》获福建省第六届漆画展铜奖。

2013年作品《观象》入选中国·厦门漆画展。

2015年作品《海西记忆·那一年的上元》入选中国·厦门漆画展。

2016年作品《海西记忆·那一年的上元》入选第二届北京·中国当代工艺美术双年展，国家博物馆。

2017年作品《丝路印记》入选第二届福建省"八闽丹青奖"。

参 考 文 献

[1] 郎世奇. 建筑模型设计与制作 [M]. 3 版. 北京：中国建筑工业出版社，2013.

[2] 徐江，龚芸. 景观与室内模型制作实战 [M]. 北京：中国水利水电出版社，2013.

[3] 李斌，李虹坪. 模型制作与实训 [M]. 上海：东方出版中心，2008.